回到分歧的路口

「7天生活处方」系列——

减压七处方

七天得到更多轻松、幸福与治愈

[美]

艾丽莎·伊帕尔

著

刘勇军

译

THE STRESS PRESCRIPTION
SEVEN DAYS TO MORE JOY AND EASE

中信出版集团|北京

图书在版编目（CIP）数据

减压七处方：七天得到更多轻松、幸福与治愈 / （美）艾丽莎·伊帕尔著；刘勇军译 . -- 北京：中信出版社，2024.2（2024.11 重印）
（7 天生活处方）
书名原文：The Stress Prescription：Seven Days to More Joy and Ease
ISBN 978-7-5217-6181-8

Ⅰ.①减… Ⅱ.①艾… ②刘… Ⅲ.①心理压力－心理调节 Ⅳ.① B842.6

中国国家版本馆 CIP 数据核字 (2023) 第 239432 号

The Stress Prescription: Seven Days to More Joy and Ease by Elissa Epel PhD
Copyright © 2022 by Elissa Epel PhD
This edition arranged with The Marsh Agency Ltd. & Idea Architects
through BIG APPLE AGENCY, LABUAN, MALAYSIA.
Simplified Chinese translation copyright © 2024 by CITIC Press Corporation
ALL RIGHTS RESERVED
本书仅限中国大陆地区发行销售

减压七处方：七天得到更多轻松、幸福与治愈
著者：　　［美］艾丽莎·伊帕尔
译者：　　刘勇军
出版发行：中信出版集团股份有限公司
　　　　（北京市朝阳区东三环北路 27 号嘉铭中心　邮编　100020）
承印者：　河北鹏润印刷有限公司

开本：787mm×1092mm　1/32　　印张：9.75　　字数：150 千字
版次：2024 年 2 月第 1 版　　　　印次：2024 年 11 月第 3 次印刷
京权图字：01-2023-5516　　　　　书号：ISBN 978-7-5217-6181-8
定价：56.00 元

版权所有·侵权必究
如有印刷、装订问题，本公司负责调换。
服务热线：400-600-8099
投稿邮箱：author@citicpub.com

七天得到更多轻松、幸福与治愈

本书献给我们的祖先,他们那充满力量而坚韧的精神与爱,
经过无数艰难的时代传承至今,成就了今日的你我。
本书也献给各位读者,你们生活在这充满不确定性的时代里,
却带着大无畏的精神努力生活、努力去爱。

引言：接受意料之外的事 i

使用指南 xvii

第 **1** 天
压力 = 对不确定性的恐惧

每一天都是不确定的，
只要你接受，
它就不再对你构成威胁。

○ **今日练习**：抓与放

第 **2** 天
快乐的人都会做"减法"

我真的需要这个吗？
非我不可吗？
我可以按下删除键吗？

○ **今日练习**："删除"不重要的事项

第 **5** 天
让自然发挥作用

和外界的"大"相比，
我们的担忧太"小"了。

○ **今日练习**：让自然帮你减压

第 **6** 天
放松 ≠ 恢复

有个错误我们都会犯——
把放松和恢复混为一谈。

○ **今日练习**：练习呼吸

Contents

目录

第 3 天 ——
你担忧的事，
大多不会发生

你足够好了，
拥有的足够多了，
做的也足够多了。

○ 今日练习：直面压力，这没什么

第 4 天 ——
压力越"大"，
越"兴奋"

让身体
体验"积极"压力，
得到更好的释放。

○ 今日练习：给自己施加健康的压力

第 7 天 ——
完满开始，完满结束

快乐是买不到的——
它来自我们的内心。

○ 今日练习："幸福书挡"

结语：更新你的减压处方	241
致谢	255
注释	258

引言 ——————————————————— Introduction

接受意料之外的事

你想生活在一个没有压力的世界里吗?

想象一下这样的世界:没有担忧,没有焦虑,亦没有压力。

听起来是不是很美好?

乍听之下或许确实如此,但压力早已融入了我们的生活,深及根本,要想抽丝剥茧,将其从生活中剥离出来,可谓天方夜谭。有时,我们面对压力确实会束手无策,但若没有压力,情况必然更糟。人类会做出压力反应*,这是有原因的:它能让思想和身体做好准备,应

---

* 压力反应:个体面对突如其来的威胁事件时做出的应激反应。(本书注解如无特别说明,均为编者注。)

对当下和未来必须要做的事。从进化的角度看，身体的自然压力反应一次又一次地拯救了史前人类的生命，因此，我们今天才能站在这里，并且仍然依靠它来激励我们，让身体充满力量，耳聪目明，获得应对挑战所需的物质和精神资源。健康的、有高峰和低值的压力反应实际上对身体大有好处：我们会在有的阶段感到压力迎面而来，然后很快就能恢复如初。我们人类天赋异禀，生来就能应对压力。事实上，我们需要压力。只要程度适中、频率得当，它就有助于细胞保持年轻与活力。

然而，现今我们大多数人都面临着压力问题。

我们一直都"暴露"在压力之中。压力犹如汪洋大海，我们漂浮其间。从早上睁开眼睛的那一刻起，到晚上闭上眼睛的那一刻止，源源不绝的、会诱发压力的事物不断将我们淹没，比如各种要求、最后期限、种种安排、长长的待办事项清单、大大小小的突发危机，以及复杂棘手的人际沟通。有太多的事物会触发身体的压力反应，激活各种强大的压力激素，这些激素通过血液循环影响心跳速度，以及包括食物消化、脂肪储存和思维方式在内的方方面面。甚至我们自己的想法也会成为压力源，导致身体做出压力反应。事实上，人的思想是压力最常见的形式。

那么我们该怎么办？

压力是无法彻底根除的。压力永远是生活的一部分，任何值得去做的事，都免不了造成压力，带来挑战、不安和风险。我们无法改变这一点，但我们可以改变自身对压力的反应。在这个瞬息万变、不可预测的世界上，做到这一点只需一条非常简单的要诀，那就是学会接受意外。

一旦意外发生

我有个邻居名叫布莱恩，年过五旬。他和妻子亚娜住在我们那条街的街尾，街区位于旧金山，安静，绿树成荫。他在一家长期护理机构工作，照顾里面的老人。他喜欢自己的工作，热爱居住的城市，珍爱婚姻。如果你问他近况如何，他一定会说"生活非常美好"，但他的生活并不总是那么稳定和充实。

布莱恩在俄罗斯长大。他结婚很早，20岁时便已娶妻，事业也开始起步。他想成为一名护士。然而，他被征召入伍，派往北极基地。

布莱恩崩溃了。他不得不离开学校、放弃事业、远离家人，去一个-50°C的地方接受为期两年的训练，在那里，只要有什么疏漏导致防护装备出了问题，他都可能丢掉性命。一切对他重要的东西都渐渐远去，就连生命也是朝不保夕。不是每个人都能熬过训练，即便熬了过来，他也很有可能被派往阿富汗。

这可谓一场豪赌。他感觉自己不光一无所获，反而即将失去一切。他说自己的焦虑值爆表。对于未来会发生什么，他一无所知，彻底失控的感觉将他包围。他的神经系统一直处于紧绷状态。

慢性压力对身体的毒害作用

即使从未被派到北极苔原，我猜你也能对布莱恩的压力感同身受。压力本身并不是坏事，但慢性压力对人伤害极大。我研究的课题是压力及其对健康和衰老的影响。我在显微镜下研究压力，观察包括端粒在内的细胞结构如何因压力而改变。所谓端粒，就是染色体末端的"帽"，它被证明是健康和衰老的重要生物标记物，是隐藏在每个细胞内的微观"时钟"。我所看到的是：多年持续存在的慢性压力对人们的身体有毒害作用，会让细胞早衰。

关于如何应对生活压力，有很多不错的建议，比如摆脱压力源、学会放松，但它们都没有把话说全。对于这样的建议，我要说的是：对极了！这些都是初步的措施，效果很不错。事实上，在本书中，我提供了有效的策略，既可以助人减少压力，又可以让人真正放松，但现在我要特别声明两点。首先，我们不能根除所有的压力源，在这一点上，连一点可能性都没有。哪怕是生活中最快乐、最充实的部分，也与压力交织在一起：从养育子女到发展事业，再到追求远大的人生梦想，一切都可能让人备感压力。而这些事之所以会带来压力，是因为我们对其非常在乎。我们不可能不去在乎，也不愿意不在乎。其次，许多放松方式最终都变成了权宜之计，只能解一时之急，从长远来看并不能真正帮助你。待到下一波压力来袭，它还是会和以前一样势不可当。

前文提到过，有压力是好事，但慢性压力非但没有任何好处，反而害处不少。慢性压力对健康有一长串的负面影响，会导致肥胖，患上心脏病、糖尿病、抑郁症和痴呆症等病症的风险也都会增加，但最重要的是要明白慢性压力会渗入细胞。慢性压力会导致血液中三种重要的"压力源"浓度升高，即皮质醇、氧化应激和炎症。一旦细胞内部出现这样的情况，端粒，即染色体末端的保护帽就会消损，并加速变短。为什么这很重要？因为极短的端粒会破坏我们的线粒体，而线粒体是细胞中的"电池"，为我们提供能量，让细胞保持健康。更糟糕的是，当衰竭的细胞走到健康生命的终点时，就会进入一种有害且不可逆转的老化状态（这被称为"复制性衰老"）[1]。所幸我们可以在它达到这种状态前扭转局面。

人体内的许多组织都必须不断再生才能保持健康，这意味着人体必须创造出新的细胞。再生必须发生在体内的关键区域，比如免疫细胞、心血管黏膜细胞和海马内部，后者是大脑中控制记忆和情绪的重要区域。事实证明，端粒的长度最终决定了细胞分裂的时间长度。端粒越长，细胞分裂、自我复制和组织更新的次数就越多。而一旦端粒太短，上述情况就不会再发生了。细胞会开始衰老，不再恢复。至此，细胞要么死亡，要么会产生炎症。它已经走到了生命尽头。

如果血液细胞的端粒变短，则预示着疾病和死亡将提早到来，因此必须加以重视。人们经常问我，端粒长度更像是衰老的标志（就像一份反映年龄的细胞"记录"），还是衰老的机制（衰老的原因）？答案是两者都是。长端粒遗传倾向直接预示着心脏病等慢性衰老疾病较低的发病率，由此可见端粒发挥着机制的功能。慢性压力可通过多种途径导致早衰,端粒是其中的一种机制。当慢性压力导致端粒耗损和炎症发生时,它会通过我之前描述的过程——制造功能失调的衰老细胞,造成人体过早衰老。

作为一名压力研究者,这是我十分关注的问题。当我们长时间压力过大时,生物衰老的过程就会加速,疾病也会提前到来。此外研究表明,平均而言,我们的压力程度只会不断增加。

超压

新冠疫情导致抑郁和焦虑问题激增,但许多年来,整个人类的压力程度其实始终都在上升。压力研究人员一直在追踪记录人们的日常生活,询问他们遇到的压力事件以及事后的感受。他们发现,在过去的20年里,人们经历压力事件越发频繁,从中感到的压力也增加了[2]。

压力的强度在上升。

我们通常以为,只有碰上让人不堪重负的事时,才会感到压力,比如被派驻到极地!这是一种极端情况,而遇到分手或失去亲人之类的大事,几个月内的压力程度也必定激增。但日常琐事,比如在上下班途中遇到交通堵塞,也会让你的压力水平急升。压力研究人员经常聚焦于压力事件,但关注人们日常情况下放松或警惕的基线水平差异,也许更能说明问题,从而了解我们会将多少压力压抑在大脑里。现在来谈谈我们大部分时间所处的状态,即我们默认的压力基线。

压力反应相当直接。一旦从环境中感受到威胁信号,我们的身体就会处理这些信号,并向大脑发送警报。但是,假如没有迫在眉睫的明确威胁,空气中只是弥漫着不确定性,大脑会怎么做呢?

生存是人类的天性,我们天生就会留意危险,并对其保持警惕,而无论是远古的丛林还是现代的城市,这个世界上总是充满了不确定性和危险。处在这种默认模式下,我们的大脑会寻找有关安全和确定性的信号,而这个过程会耗尽大脑中的葡萄糖能量[3]。这就像一直维持着高耗电模式。不确定性会在我们的大脑中引发级联效应*,首先将信号发送到扣带皮层,然后是杏仁核(恐惧中心),从而激活压力反应网络。在这种高耗电模式下,压力始终以低负荷水平传遍我们的全身,以防有事

---

* 级联效应:某个行为影响系统,从而导致一系列事件发生。

发生。而处于确定状态，我们感到安全、可以放松时，大脑就会切换到低耗电模式，以节省能量。不幸的是，大多数时候，我们那十分忙碌、企图寻找确定感的大脑都处于高耗电模式中。

你的基线在哪里？

大多数人通过放松或回避令人苦恼的想法来应对压力，但这些策略在应对害处极大的现代社会压力时都谈不上有效，甚至远远不达标。即使可以通过放松使压力值落回到基线水平，我们普遍的压力基线也仍然很高。我们需要重置基线，使其降低，如此当我们脱离压力反应时，身心才能得到真正恢复。

我们通常不会处在"休息"状态中。即便在休息，程度也并不深。有一种状态比我们平时的放松状态更好也更罕见，那就是深度休息。进入这种状态，便可获得生物学上的复原。但如果压力基线过高，深度休息就是遥不可及的。

人类神经系统的波动范围之大，令人难以置信。不幸的是，它经常会被"卡在"过高的水平线上。加州大学旧金山分校亚历山德拉·克罗斯威尔博士领导的研究

引发精神压力或复原的心理状态

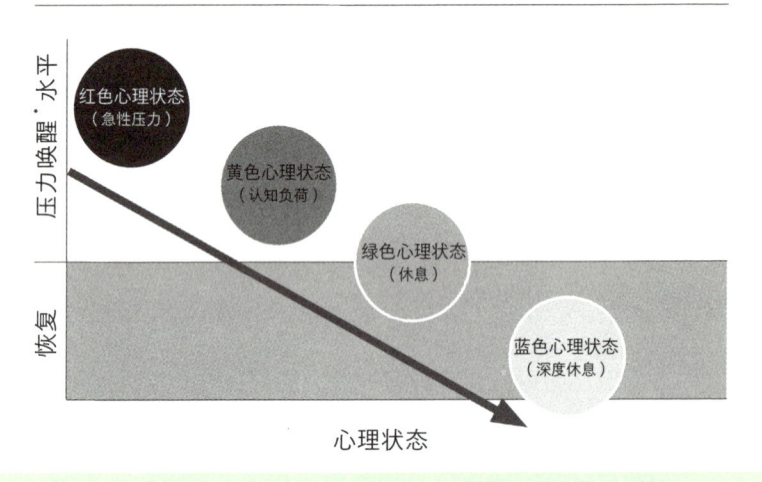

压力唤醒*水平
- 红色心理状态（急性压力）
- 黄色心理状态（认知负荷）

恢复
- 绿色心理状态（休息）
- 蓝色心理状态（深度休息）

心理状态

* 唤醒：指机体被激活的状态或程度，包括感觉兴奋水平、激素水平、肌肉准备性等。

团队，已经绘制出了适用于我们的"心理状态"频谱，并确定了许多人缺失的深度休息状态，对抗压能力和健康至关重要[4]。现在让我们来详细了解一下。从上图的左上角开始：

红色心理状态（急性压力）：压力事件发生时，便会触发"红色警报"。身体会产生急性压力反应，一些人会出现极其不安的思绪。如果持续时间不长，急性压力反应也可能会对健康有益。红色心理状态意味着我们会优先考虑创造能量，而非其他——我们会释放出大量的葡萄糖，做好逃跑的准备。

黄色心理状态（认知负荷）：这是我们日常的压力唤醒水平。它比急性压力的水平低，所以我们往往会误认为这是我们的基线休息状态，但它离休息还差得远。我们的"认知负荷"，即大脑试图在有限的记忆库中同时存储的信息量通常都相当大。黄色心理状态是这样的：工作完成了，或是眼前并没有压力，但我们的身体依然处在压力唤醒状态中。我们可能仍然觉得饱受威胁，想法极为消极，进而制造出压力源。更为普遍的是，我们甚至根本意识不到脑内这些会带来很大压力的想法。研究人员认为，这种高唤醒状态之所以存在，是因为人们下意识感到不安。当我们感到孤独、地位低下、受到歧视，或是因童年创伤总觉得周围的环境不安全时，就更是如此了[5]。我们中的任何人都可能被卷入这种多感官长期超负荷的状态，过多地负载这些微妙且存在于下意识中的不确定性压力。此外，我们常常要应对多种刺激源，包括来自电子屏幕的负面信息和要求，以及通常要同时处理的多项任务。对我们大多数人来说，默认基线，也就是我们通常感受到的压力水平处在黄色心理状态，即远高于"放松"的压力唤醒区域。

绿色心理状态（休息）：这是一种令人愉快的放松

状态，发生在我们被动参与休闲活动，或者注意力完全集中在积极执行喜欢的任务上时。它有时被称为"心流"。这也表示我们是处在平和之中，而不是在他人的要求下去做某件事。我们处于一种乐于接受的状态，比如观察自然、美好的事物、艺术或进行娱乐。这里的关键点是，我们只是处理一项任务，而不是同时忙于多项任务，并感到轻松和安全。众所周知，这些活动会激活迷走神经，从脑干一直延伸到全身。激活的迷走神经有助于触发身体进入放松状态，随着时间的推移，迷走神经张力增强，我们会更快地从压力中恢复过来。休息或深度休息的时间越长，神经系统进入恢复模式的能力就越强。

蓝色心理状态（深度休息）：这是一种深层的恢复状态，当周围的环境从充满刺激变为安静和安全时，我们便可进入这样的状态。这通常意味着在身体上隔绝外界，要么缩小注意力焦点，要么使注意力保持开放和流动。在蓝色心理状态下，身体处于心理和生理压力唤醒的最低水平。这种状态出现在身心练习或冥想等深度放松活动中，通常不会持续很长时间。蓝色心理状态下，身体可以得到真正的恢复，比如进行细胞再生。深度睡眠阶段就是深度休息的阶段，是我们的身体能最大地恢复活力的阶段。

综上所述,我们一生中的大部分时间都处在红色和黄色的心理状态中,很少会进入绿色心理状态,蓝色心理状态就更少了。我们的任务是将默认压力基线推移到更接近真正休息的状态。为了更好地面对压力,我们需要降低默认基线。

提高抗压能力

我们现在知道,压力生物学和衰老生物学之间有着紧密的联系。在慢性压力下,身体会加速衰竭,而长时间的不安状态则是慢性压力最常见的表现形式。于是对策来了:面对不确定的局面,我们需要"关闭"威胁反应。我们必须转变心态,接受不确定性是生活的核心特质,切勿与之抗争,或视之为威胁。

在北极军事基地,我的朋友布莱恩迎来了转折点。他意识到,那些让他对自身处境深感焦虑和压力的事情,大部分都不是他所能够控制的。他无权选择去留,他必须留下来。什么时候醒来、什么时候吃饭、做些什么,通通不由他做主。当这股无法控制的力量在他的生活中掀起翻天覆地的变化时,他的心态也随之发生了转变：我可以换一个角度思考问题。在头脑中与当下的现实做斗争，剥夺了他感受快乐的机会。当相同处境的人还在焦虑不安的时候，他已经意识到别无选择也是一份恩赐。就这样，一直压在他身上的重担突然消失了。

他开始专注于生活中存在的简单慰藉。小事也变得意义不凡，他觉得自己与他人的联系更紧密了。他得到了一天的假期，就去附近的镇子闲逛，自由地选择食物，与新认识的人交谈，甚至只是支付停车费也能让他发自内心地感到高兴。早些时候他就停止写家书了，但此时他决定重新开始给家人写信，写一些积极的内容。一旦开始寻找，即使是在他所处的极端糟糕的情况下，积极的事物也比他过去意识到的要多得多。如今回忆起来，他觉得那是他一生中经历最丰富的幸福时光，让他体会到了活着的快乐，并对生命心怀感激。

布莱恩很幸运，为期两年的训练结束后，他就可以返回家乡，回到新婚妻子身边了。但他从未忘记那段经历，也从未忘记是心态的转变帮他渡过了难关。

在新冠疫情暴发的第一年，布莱恩的妻子亚娜陷入了深深的焦虑，任何事都能勾起她的担心，比如他们从事的老年护理工作（老人会感染新冠病毒吗），还有她所爱的人（儿子会从大学退学吗）。她思绪难平，似乎总是在寻找着可能发生的灾难。另一方面，面对如此不确定又无法掌控的局面，布莱恩倒是安然自若。

"你怎么买了这么多青豆罐头和卫生纸？"他问她，脸上带着难以置信但充满爱意的微笑。

布莱恩深知，人生的本质就在于它的不确定，很多事情都超出了我们的控制，但他也知道自己能克服困难。即使处在一个压力很大、充满不确定性的世界里，他也知道如何找到快乐、如何安心休息。假如年轻时在环境严酷的北极兵营都能找到放松和平静的时刻，能好好生活、乐在其中，那他在任何地方都能做到这一点。当然也有很多事让他备感压力，毕竟他不是机器人！但让他感到不安的，并非毫无把握的未来。

修行的人都知道，佛教的一条核心教义就是接受无常。世事多变化，没有什么是永恒的，我们自己的生命亦是如此，修行的目的就是安然接受这种不确定性带来的挑战。

因此在这个星期里，我们的首要目标是接受意外。我们要学会用灵活、开放、关注当下的方式来对抗压力。

接受意外是一种心理转变，哪怕事情出了岔子，或是出乎意料，我们也能安之若素。这样一来，我们就能更坦然地接受生活中的模棱两可和不确定性。假如我们能接受意料之外的事，那么当意外真的发生，我们也就不会陷入夸张而持久的应激反应，做出战斗或逃跑[*]的准备。我们的心不会突突狂跳，身体不会因"威胁"而紧张。数据显示，我们越能接受不确定性、随遇而安，在遇到难关时受慢性压力、焦虑、抑郁或创伤后应激障碍困扰的可能性就越小，也更能承受持续存在且不可预测的压力源，比如流行疾病或自然灾害，从创伤性压力中恢复的速度也更快。我们能更好地摆脱压力，充实地生活。

我们的人生起点各不相同，从基因到个人成长经历，再到当下的生活环境，这一切构成了我们的"压力画像"。基因和过往造就了我们，但我们也拥有神经可塑性，只要我们一遍又一遍地重复新的想法或行为，大脑就会发挥这种非凡的能力，形成或重组神经连接。我们可以调整自己的经历，影响大脑的反应，使其更灵活、更平静。我们可以训练思想和身体来增强抗压能力，从而更长寿、更健康地尽情享受人生的漫漫时光。

---

[*] 战斗或逃跑：由肾上腺素引起的反应。在恐惧状态中，躯体会做出防御、挣扎或逃跑的准备。

How to use this book

使用指南

> 障碍不挡路,本身亦为路。
>
> ——禅宗偈语

接下来的内容就如同轻盈便携的必需品,供你应对这个充满不确定性的时代。有太多事情是我们无法控制的,但在很大程度上,我们可以控制自己对生活抛来的意外做何反应。通过养成一些相对简单的新习惯,我们可以训练思想和身体以积极的方式体验生活中不可避免的压力,这实际上是对身体有好处的。

在这本书中,我们将学会:

- 接受不确定性。

- 放下重担，不再纠结于无法控制的事。
- 利用压力反应来克服困难。
- 训练细胞更好地"代谢压力"。
- 沉浸在大自然中，重新校准神经系统。
- 练习深度修复。
- 用快乐的时刻填满繁忙的日程。

这些都将给予我们应对不确定生活的手段和韧性，让我们能够驾驭海浪，而不是被卷到海浪之下。

2020年秋天，加州野火成灾，火势蔓延到距离我住处很近的地方。我记得自己准备了一包东西——它必须轻便易携，里面都是用得上的生活必需品，可以拿出来直接使用。这是一个真真正正的应急包，但我们现在需要的是一个象征性的应急包，装着可以有效应对生活中不确定性和压力的工具，而这正是本书旨在提供的东西。

本书提供了一个转变你与压力关系的七日计划。每一日的练习都旨在帮助你掌握一项新技能，它们就是一件件可以装进你应急包里的工具，在你前进的过程中会一直陪伴着你。这些练习不需要特殊的辅助设备，每日最多只需要5～10分钟。你的压力水平能在一天之内被改变吗?

当然可以。

一天能产生很大的影响。这是一个我们可以掌控的时间单位。生活是围绕着每一天被勾勒出来的,在每一天中,我们会担心或照顾自己,建立决定自身幸福的模式和习惯。只要稍加调整,你的生活体验就会发生巨大的变化。

在阅读本书以及重复每个练习的过程中,一定要善待自己,抱持灵活和宽容的态度。如果你没有足够的时间在一周内读完这本书,那就不要强迫自己赶进度。我们并不想制造更多的压力。你可以一天读一章,也可以一周读一章。在进行下一项任务之前先休息一下,把做过的练习重复几遍,随便花多少天都可以。你可以按照自己的节奏阅读本书。你要做的就是把它融入自己忙碌的生活,让它给你带来快乐,而不是压力。即便你最终经常进行的"每日练习"只有一项,它也能对你的健康产生很大影响。这就是成功。

在这一周结束后,我希望你能拥有敏捷灵活的思维,对压力反应和神经系统有新的认识和了解,并拥有应对这两者的有效工具,以获得快乐和健康,得享长寿。

DAY 1　　　　　　　　　　　　　第 1 天

压力 = 对不确定性的恐惧

℞

今日练习 ｜ 抓与放

每一天都是不确定的,

只要你接受,

它就不再对你构成威胁。

第1天 | 压力 = 对不确定性的恐惧

研究进行得并不顺利。

随着新冠疫情的暴发,对于每一个人、每一个地方,事情都变得不可预知:会不会再次封控?新的病毒变异株是否会大范围传播?学校能不能如期开学?在我们的实验室里,情况同样不确定。实验对象和工作人员感染后被隔离,纷纷"消失"。供应链中断,导致关键用具突然紧缺,而在疫情到来之前,抽屉里、柜子里,满满当当都是它们。

"移液器吸头用光了?"我记得自己当时难以置信地问一位实验室助理。少了这个简单的塑料制品,一些最基本的实验步骤就无法完成。由于供应链出了问题,全国各地的实验室都没有移液器吸头可用了。

我们正在进行的是一项尤为紧迫的研究：由美国国立卫生研究院拨款，研究疫情期间出现的抑郁情绪和新冠疫苗接种效果之间的关系。事实证明新冠疫苗非常有效：这个消息给人希望，也让我们有理由保持乐观。但从长远来看呢？抗体的作用能维持多久？哪些因素有利于延长抗体在人体内存在的时间，哪些因素又会造成阻碍？对于其他病症的疫苗，我们知道诸如睡眠不佳、吸烟和心理压力过大等个人因素会影响疫苗的接种效果。显然，我们中的许多人都在疫情期间承受着压力，而这也许会削弱抗体。为实现全球性群体免疫，我们想弄清楚一点：心理健康，比如每天都感到快乐以及拥有明确的目标，能否保护我们免受压力影响，进而拥有更强大的免疫反应？

在这样一项研究中，我们必须更深入地了解人们如何生活、如何思考，以及在惯常的一天中会经历多少快乐和焦虑。实验对象每天都要接受调查，这些调查旨在揭示他们承受了哪些压力，压力又有多大。今天对你来说压力最大的事是什么？之后这件事又困扰了你多久？是交通拥堵这样的小麻烦，还是与伴侣大吵一架这样的大事？把这些问题的答案与生理数据结合起来，就可以将每个人承受压力的情况呈现得一清二楚，而这一点非常重要。这还有助于我们了解另一件事：内心的期望会对压力造成怎样的影响？每位实验对象都要回答一个问题：你的一天在多大程度上是可以预测的？

每个人都希望事事皆在预料之中。作为人类，这是我们与生俱来的心愿。我们不仅渴望每时每刻都能预测发生在自己身上的事，还渴望一天乃至一年的计划都能依托于稳定的"地标"完成。到了午餐时间，我们的身体就想吃午饭。驶出自家的车道后，我们的大脑便会希望上班或上学的路线和昨天的一样（还不会遇到堵车！）。如果我们所处的环境大体上可以预测，安全感就会提升。那样的话，我们便可在一定程度上放松下来，哪怕有其他的事会造成压力。

我们每个人都有自己独特的起始基线，也就是平日里的压力唤醒水平。每个人的起始基线都不一样，有些人总是紧张、警惕，一听到意想不到的声音就会被吓一跳，而另一些人则像平静的湖泊，没有什么能打扰他们。

无论起始基线在哪里，压力唤醒水平永远是越低越好，这意味着我们能更好地忍受压力事件频发的时刻。如果基线很高，意外又接踵而至，事情没有按计划进行，本就很高的基线会飙升至更高，而且飙升速度飞快。

为了进行新冠病毒研究,我搁置了个人生活和工作中的很多事情。研究占用了我所有的时间和精力,我还在电子邮箱中设置了一条让人震惊的自动离线回复("对不起,我没空"),有人要和我面谈时我也不再接受。我和研究副主管艾瑞克夜以继日地埋头于项目,调配多位实验室助理,确保所有的行政安全预防措施和文书工作都已完成,制订研究方案,应对每一个突然出现的危机。我全情投入,研究按照国立卫生研究院给出的时间表顺利推进,可但凡出现一点问题,我都感觉像是遭受了迎头一击,而问题从未间断。

要安排一位实验对象抽血并接受压力反应测量,就需要配备一支完整的协调团队,包括一名护士、一名实验室技术员和一群研究员。所以每次有人无法到场都是件大事,而几乎每天都有这种情况发生。

有一个星期,我们的一些工作人员无法到岗,因为西海岸野火肆虐,他们被迫撤离了家园。几天后,加州大火冒出的浓烟把旧金山的天空染成了砖红色,犹如末日降临。空气质量监测器的指针跳到了深紫色刻度,这是监测表上可能出现的最差等级。最重要的是……一波波热浪袭来,但由于烟雾刺鼻,无法开窗散热。于是我们不得不把实验室关闭几天，暂停了所有研究工作。

我不由自主地紧张难安，担心接下来会出现什么紧急情况，会不会再有野火？会不会再有什么事出差错？但我是一名压力研究者，我研究压力及其对健康和衰老的影响已有将近30年了。我很清楚，不确定性导致的压力，也就是我正在经历的，是慢性压力中最为有害的一种。它不易察觉，很不起眼，却无处不在，几个月或几年过后，它就会在不知不觉中成为我们习惯的存在。在面临极为不确定的局面时，默认基线很容易被提升到更高的压力唤醒水平。如果不注意，哪怕在休息甚至睡觉时，这种压力也会一直存在。

警觉的代价

人类的大脑喜欢万事有定。假如事事都很确定，神经系统就会处在放松的状态中。当情况稳定、可以预测，我们就能把更多的精力投入思考、解决问题和创造当中。我们不会满脑子只琢磨可能发生什么事，不会时时都在计划、疑惑、担忧或认为自己大难临头。但近年来，不确定性已经成为我们生活的一种典型状态，对我们的身体造成了损害。

当不知道接下来会发生什么时，我们的生理反应就像祖先们面对广阔平原时一样：暴露在外、脆弱不堪，只能保持高度警惕。从生理上说，身体会进入一种戒备状态，随时准备战斗或逃跑。微妙的变化发生了，我们的心率轻微加快，肌肉紧张（却不一定能觉察到）。在看不见的地方，我们的身体在这种压力状态下更努力地运转，等待重大事件的发生。大脑和身体准备就绪，时刻保持警惕，不仅留意危险，还等待它的发生。不确定性引发的无形压力将我们重重包围。

显然，在史前的生存环境中，这种精神状态对我们是非常有利的。在不确定或模棱两可的情况下，压力反应会被激发出来，这一特质无疑无数次帮助智人保住了性命，也是人类这个物种得以延续至今的原因之一。

对即刻出现的情况做出压力反应，对今天的我们而言仍非常有益，让我们可以在有需要时全力以赴：下丘脑释放到血液中的皮质醇使体内的葡萄糖更容易分泌。葡萄糖是一种糖，可以转化为能量。我们其实很清楚"预期"导致的慢性压力对细胞有何影响：在一项开创性的新研究中，我的同事、哥伦比亚大学的马丁·皮卡德测试研究了长期接触皮质醇对细胞寿命的影响。从某种意义上说，这些细胞一直处于红色警戒状态，预测着即将到来的威胁。因此,它们新陈代谢的速度加快,换句话说就是进入了高耗电模式。这导致端粒急剧缩短,细胞复制次数减少,死亡时间也随之提前[1]。

当人进入一种短期的、充满不确定性的状态,例如进行发言或演讲时,确实可以从这种身心能量的集中爆发中获益。但不确定的事物无处不在,这一点很有趣,也正是问题所在。不确定性并不局限于每天或每周的几个特定时刻,而是随处可见。于我而言,这体现为在接下来的研究中会发生什么不好的事。但还有更重要的问题:我的生活中会发生什么?我的孩子会遇到什么?对于这个国家、这种经济局势,乃至这颗星球,未来将会怎么样?

而不确定性制造的压力并不为我们所见。明显的压力源通常都是肉眼可见的,就像一面飘动的红旗。我们可以看到它们,做好准备,并在一切结束后恢复如初(下文会详细说明)。不确定性却很微妙。若不进行有意识的选择,那么在醒着的大部分时间和一部分睡眠时间里,我们都会下意识地集中一定的注意力去留意危险。我们处于一种神经生物学上的警惕状态,却甚至意识不到这一点。这便是黄色心理状态。

我们理想的生理健康状态,是在交感神经系统(战斗或逃跑）和副交感神经系统（休息和消化）的活动之间维持平衡。但面对不确定的情况，压力会让交感神经系统持续活跃，始终没有复原的机会。不能容忍不确定性的存在，在如此心态下，我们就会处于慢性压力之中。

忍受不确定性，是我们需要培养的技能

不确定性不仅会影响情绪、引发压力，甚至还会影响决策过程。一项研究要求实验对象玩一款简单的电脑游戏，如果出现某类结果（比如在岩石下找到一条蛇），玩家的手部就可能会遭到轻微电击。研究人员设置了不同的惩罚模式：一些实验对象完全不会受到电击，另一些会在一半时间内遭受电击，而最后一批人每次都会受到电击。事实表明，经历了最多不确定性的人，也就是在一半时间内会遭受电击的人，承受的心理压力最大。他们的交感神经系统处于高度警惕状态，心率加快，瞳孔放大。加剧压力的并非电击，而是面对惩罚的不确定心态。有趣的是，这组实验对象在游戏中表现最差，做决定的时间也比较长[2]。

在关于压力和疫苗接种反应的研究中，我们评估测

量了人们对不确定性的容忍程度，以了解它在新冠疫情期间对压力反应的影响。事实与我们预料的一样：容忍度较低的人往往会面临更严重的创伤后应激障碍，随着时间的推移，他们会产生更多的侵入性想法、回避和焦虑。另一项流行病研究发现，对不确定性容忍度较低的人更容易出现恐慌性囤积行为，大量购买卫生纸和罐头等商品[3]。与此同时，我们越能容忍不确定性，患上严重心理疾病的可能性就越低。对不确定性的容忍度越高，焦虑和抑郁的发生概率就越低。焦虑的人特别容易受到不确定性的影响：他们往往会在模棱两可的情况下产生认知偏见，认为危险迫在眉睫，从而做出全面的威胁响应[4]。

像大多数事情一样，对不确定性的容忍度有一个范围，有些人可以游刃有余地应对模棱两可的"开放性"，他们的神经系统对这类局面有更强的适应性。另一些人则艰难挣扎，反应激烈。

各种各样的因素决定了人对不确定性的容忍度，包括基因、教养、个性和生活经历。一项对小鼠的研究表明，当环境不确定时，边缘系统中一组特定的神经元会导致焦虑行为[5]。小鼠会本能地向小而黑的空间移动，以寻求保护，并将开阔的空间视为固有的威胁——这是可以理解的，因为在野外，它们被捕食者抓住的概率相当高。在这项研究中，当小鼠处于开阔空间时，它们大脑中负责记忆和情感区域的特定神经元就会被激活，这些神经元压制了负责解决问题和思考的"高阶"神经元，并引发了小鼠的下意识回避行为，让它们急忙跑回阴影中。但在研究小组想办法从根本上"关闭"了这些"焦虑神经元"后，小鼠便放松了下来，开始探索开阔的空间。

然而解决问题的关键并不是永远都不去唤醒健康理性的谨慎，如果"关闭"小鼠体内所有的"焦虑神经元"，它们就会成为猫头鹰的晚餐。关键在于，从不确定性到焦虑，再到全面的威胁响应，这当中存在一条直线发展轨迹，最后指向对一切不确定或模棱两可之事的回避。对不确定性容忍度较低的人，会承受更为严重的焦虑和压力。临床资料显示，在极端情况下，如果人们不能忍受哪怕一点点的风险（他们通常认为"模棱两可"是有风险的），就会陷入我们所说的"广泛性焦虑障碍"，其特征是将全部注意力都放在"留意危险"上，过度担忧，并出现身体焦虑症状（比如回避新情况、身体紧张、惊吓反应）。有广泛性焦虑障碍的人往往会一遍又一遍地寻求安慰，回避模棱两可的"开放情况"。但是，若我们连只有一丝不确定性的情况也要回避，就会把自己与许多生活经历和机会隔绝开来。那样一来，我们就成了小鼠，生活则是猫头鹰。

我的朋友谢丽尔一直处在警惕状态，时时都在留意危险。我确信她对不确定性的容忍度很低。在孩子们还小的时候，我们经常结伴在街区里散步，她会时不时地突然倒吸一口凉气，大喊道："黛比呢？"而每一次黛比都不曾走远。

我很清楚她为什么会有如此强烈的惊吓反应和高度警惕性：她有过创伤经历，导致神经系统异常紧绷。如今，即便那些艰难岁月已经过去了20年，她体内仍然存在着一个强大的"警报系统"，哪怕是在不需要的时候，警报也会不断响起。

后来孩子们都长大了，我们仍然一起遛狗。她的手机里有一款叫"公民"的应用程序：无论什么时候，只要这座城市里发生了事故，她都会收到通知。她的手机嗡嗡作响，拿出来一看，只见上面写着："三英里*外，舍伍德广场，有人非法闯入。"我们都嘲笑她安装这种应用程序，有一次我问她为什么要这么做。

---

* 1英里≈1.61千米。

"我知道这是一个愚蠢的习惯,还总是害我提心吊胆,"她回答说,"但它给了我一种控制感。"

控制感有助于应对压力,我们将在下一章中讨论这个问题。然而,持续保持警惕,会使我们处于压力唤醒的黄色心理状态,得不到休息。更好的策略是适应不确定的环境,让神经系统适应"世事无常",并接受这样的现实。善于容忍不确定性,我们才更有可能信任他人,与他人合作[6]。

最后,谢丽尔删除了犯罪警报应用程序,她觉得这是一个很好的举动,能帮助她不再那么频繁地留意危险的存在。我们中的一些人始终有着较强的自动压力反应,可能无法从根本上改变这一点。我们能做的就是改变自己接下来要做的事。所以,无论你对不确定性的容忍度是高是低,都要知道一点:你可以对其施加影响。在一天之中,在当下的生活和未来之中,你都可以提升自己对不确定性的容忍程度。

预期悖反效应及克服它的方法

薇薇安每天都和她已经成年的女儿艾丽西娅通电话。她们分处美国的两端,薇薇安住在旧金山,艾丽西娅住在纽约，但她们的关系很亲密。尽管远隔两地，薇薇安很高兴能和女儿经常保持联系，这让她对艾丽西娅的生活有了实实在在的了解，但她确实注意到了不对劲的地方。通话到最后，总是艾丽西娅在发泄，抱怨那天有什么事没能按计划进行，而她自己有多么沮丧。令薇薇安震惊的是，艾丽西娅对自己抱怨的每件事都会感到同等程度的苦恼，例如在郊游时找不到停车位，与老师担心她的孩子可能患有多动症一样叫她心烦意乱。艾丽西娅经常挂在嘴边的话是："事情本来进行得很顺利，可偏偏就出了这样那样的意外。"每每讲完计划出了怎样的问题，她总喜欢加上一句："每次都有意外！"

薇薇安对此感到困惑。"这样的事很平常。"她总是这么说，"你为什么不改变一下自己的预期？"

薇薇安忍不住想，她们母女二人的心态怎么会有这么大的差别？在薇薇安看来，生活便是如此，没有理由相信一切都可以顺利进行。从小到大，她经常搬家，很快就学会了适应并充分利用每一处新环境。女儿出生后，薇薇安希望给艾丽西娅一种稳定的生活，她甚至放弃了一两次晋升机会，因为那意味着背井离乡，她只盼艾丽西娅的生活能比自己更稳定。但现在她不禁怀疑，自己的行为会不会给艾丽西娅留下了一个印象：这个世界是可控的、可预测的，我们可以改变世界，以让它符合自己的计划和期望？在为女儿规避挑战的过程中，她是不是没能让女儿做好准备迎接真实的生活？薇薇安预见到生活里遍布弯路，处处都有施工现场，艾丽西娅却觉得人生中应该都是笔直的大道，一路绿灯，畅通无阻。

薇薇安是我的朋友，不是实验对象。我从没让她进过实验室抽血、做压力测试，也没观察过她的细胞。但如果我这样做了，并将实验结果与她女儿的比较，我很好奇自己会有什么发现。随着岁月的流逝，薇薇安和艾丽西娅的实际年龄始终保持着32岁的差距，但两人的细胞生理年龄却在渐渐靠拢。薇薇安灵活应对着日常生活给她的拳打脚踢，在面对意想不到的弯路时，她似乎没有产生压力反应；而艾丽西娅见到"封路标志"时，却有着完全不同的生理反应。她的交感神经系统迅速活跃起来，准备好对抗这种威胁。如果这种情况经常发生，持续一整天或者甚至每天都是如此，那就糟了。

当事情出了岔子，我们往往会做出压力反应。这可以被称为"第二箭现象"：每当有坏事发生，我们就像被两支箭同时击中。第一支箭是痛苦的事件本身，第二支箭则是我们对事件的反应。换句话说，问题（第一支箭）在所难免，但痛苦（第二支箭）是可以选择的。意外总会发生，所有人都逃不过第一支箭，但如果我们为痛苦而痛苦，就是在向自己射出第二支箭，如此一来，我们就总会受到双重打击。对艾丽西娅来说，这在一定程度上是因为事情"违背了预期"。她会苦思冥想：为什么偏偏是我？而薇薇安则有不同的反应：为什么不能是我？

我们总是在想象这一天、一周，甚至这一生将如何度过，或应该如何度过。人类的大脑有一种难以置信的能力，可以想象可能出现的结果。发挥想象毫不费力，我们甚至经常意识不到自己在这么做。我们想象在户外吃午餐，坐在公园的长椅上，阳光洒满全身；我们想象下午开会，要是在现场被逼无奈时该说些什么；我们还会设想未来，比如得到应聘的工作。一旦这些期望未能实现，我们很容易就会觉得悲剧在发生。就像我们受到了不公正的对待，成了受害者。但有一种方法可以让你保持对未来的梦想，同时不必长期处于红色心理状态。

放低预期

说回我们疫情期间的研究。根据实验室之前其他研究项目的情况，我产生了一些非常坚定的预期：柜子里会摆满实验用品，有足够的工作人员，实验对象也会按计划出现。我并未意识到自己怀有这样的设想，但事实确实如此，每次现实打破了这些期望，我就感觉备受威胁。每次发生意想不到的事，我都会感到肾上腺素激增、心跳加速，搜肠刮肚也要找出解决办法。

与我一起领导这项研究的同事艾瑞克为我重新定义了预期。那个星期简直麻烦不断、危机丛生，搞得我筋疲力尽：有个实验对象的住所被野火烧毁，她附带着生物传感器的戒指也毁坏了，这成了压垮我的最后一根稻草。突然间，我开始怀疑我们为研究付出的努力到底值不值得。我心想，这个实验对象刚刚经历了非常痛苦的事，其他人可能也有着同样的经历。我们就不该开启这项研究！我们都应该去火灾疏散中心帮忙。我觉得自己应该举手投降，把拨款交还给国立卫生研究院。但艾瑞克只是冷静地指出，我们研究的课题就是"事情会出岔子"，顺顺利利的事情不在我们的研究之列。为什么我们会期望事情突然有所转机呢？

确实如此！疫情扩散，供应中断，员工和志愿者们因为感染病毒或子女无人看护而无法到岗，野火持续燃烧致使道路阻断，居民被迫撤离……我们只能预期这样的情况还会层出不穷。在接下来的研究中,我每天早上醒来时都抱着开放的心态,坦然接受当天可能发生的一切,哪怕是又一场危机。出了问题,我们只是耸耸肩一笑置之。"这正符合我们的研究课题"成了我们互相打趣的口头禅。我们达到了全新的境界:预计会出问题,所以当问题真的出现,我们可以顺势而为。而若是大出所料、事情进展顺利,我们则会心怀感激。简而言之,每一天都是不确定的,我接受了这个现实,它对我来说就不再构成威胁了。

所以今天,在你开始改变自己的压力反应之际,我想让你做的第一件事,就是明白这个星期一定会出问题,但这没关系。我所说的"问题"并不一定是"坏事",而是指事情的走向可能并不符合你的期待。预期太高,不管是积极的(我们盼望的事),还是消极的(我们害怕的事),都将对我们造成伤害。最好尽可能放低预期。

着眼于当下,是一种聪敏且灵活的心态

我的瑜伽老师说:"有所预期,就是排除了活在当下的可能性。"因为在预判未来的同时,我们忽视了此

时此地。而唯有身处当下，才能体会到确定。

我并不是在告诉你，永远不要对今天或余生中可能发生的事抱有预期。大脑就如同一台预测机器，我们一直在不由自主地进行预测。彻底不抱预期，根本不现实，毕竟我们需要想象和梦想。但是，如果我们过于依赖预期，就会出问题。解决办法不是不再预期，而是要注意我们怀有强烈预期的时刻，并对此一笑置之，提醒自己不要过分投入，要准备好随时放手。

帮助人们更好应对压力的课程有许多，作为压力研究人员，评估这些课程时，我们会测试人们上课后的幸福感提高了多少、这些改善能持续多长时间。我们现在知道的一件事是，一些技巧（某些类型的呼吸法、高强度间歇训练）的确有效，但如果不能坚持这些特定的练习，好处就会消失。与此同时，旨在训练人们专注于当下的冥想和正念干预，则具有更为持久的效果……即使并非每天都练习。

我和同事们进行过一项研究，招募的女性实验对象从未做过冥想，我们将她们分成两组。第一组对象被送到一个豪华的度假胜地度过一周，她们可以在那里游泳、散步和放松。另一组对象也待在那处度假胜地，但每天要进行八小时的冥想、瑜伽和自我反省练习。我们想弄清楚：长时间的放松和休息是否能像冥想练习一样缓解压力，又或者冥想是否真的更有效？

一周实验结束之际，每个人都受益匪浅，感觉棒极了。她们说自己的状态有了显著改善，活力大大提升，压力和抑郁也有所减轻。（这毫不奇怪：不管是否进行了冥想，人类的神经系统总会在美丽的度假胜地表现良好！）但将近一年后，在我们进行跟踪调查时，两组对象的幸福感出现了很大的差距。第一组对象又恢复到了度假前的压力和抑郁程度，就好像从未度假一样。冥想组则在一年后依然保持着较低的压力和抑郁程度。其中一些女性坚持练习冥想，但这并不能完全解释整组人员的正面数值。我们认为，即使是短期的冥想训练，也为我们提供了一种独特的"心理过滤器"，让我们对思维如何运作有了新的认识，并有能力将想法只当作想法，只当作稍纵即逝的念头，而不是事实或真实的情境，如此一来，便可消除引发不必要压力反应的力量。这种观察内心的能力被称为"元认知"。

冥想一直是我本人压力管理计划的一部分。我并不总是有时间每天做冥想练习，但至少一年会去一次僻静的地方，练习活在当下、体现自我。对我而言，静修的影响会持续很久。不过我也发现，从静修的深度休息状态，回到日常快节奏、高压力的生活中，所经历的转变非常突兀，令人不快。

一次静修结束后，我坐在汽车的驾驶座上，系好安全带，转动钥匙点火，突然感觉思想随着汽车引擎一起嗡鸣起来。明明片刻之前我还很冷静、很专注，可此时却完全沉浸在高速的预期和计划模式中：设想当天剩下的时间该怎么过，思考下一个任务，以及下下个任务。我的待办事项清单上顿时出现了五个条目，熟悉的"与时间赛跑"的模式又开始了。我的身体紧张起来：下一步要做什么？

我关掉汽车发动机，打电话给刚和我一起度过周末的冥想老师。

"我们练习了一整个星期，现在都白费了！"我说，"感觉就像我一离开，脑袋里的开关键就被按下了。我又回到了以前的模式中。"

"好吧，"她说，"让自己先暂停一下，检查身体。你的身体是不是前倾着？"

是的。

"一旦马不停蹄地投入一个又一个计划，我们的思想就会让肢体如此行动。"她继续说，"所以，现在你要把身体向后仰，把精神也向后仰。不要盲目追求体验，而是让体验来找你。让时间一分一秒地展开，让它与你相遇，无论你身在何处。我们的身体不能穿越时空。用你的身体把自己固定在当下。"

我向后靠，放缓呼吸。我很高兴地发现这么做很有帮助。

我们花了太多的时间来预测：试图做计划，试图消除不确定性。诚然，我们需要为日常生活找到逻辑，但在此过程中很容易误入歧途，从有效地计划陷入车轮式地重复，搞得自己精疲力竭、情绪低落，在身体中制造警觉感。那天我学会了一件事：身体姿势是一种很好的解药。身体前倾，就是在指挥思想选择未来而不是当下，以至于思想彻底脱离肉体，不再感觉自己处于当下。让身体后仰，则是在把思想带回到身体里。立足于当下，我们就可以体验这一刻的真实感觉。

"但是，如果想要未雨绸缪呢？"你可能会问，"提前制订应对计划不是更好吗？"好吧，就算真像你预测的那样，发生了一些负面的事，你也会因为整天都在事先担心而让状态更糟。一项研究发现，人们在预测即将出现的压力事件时，自身的负面情绪就会加剧，好像事情真的发生了。而等到预言成真，相比不做那些"精神有氧运动"的人，他们的适应能力也并不会因预测而增强，压力反应与面对未期意外时的同样强烈[7]。换句话说，杞人忧天一点帮助也没有。我们的一项研究发现，处于慢性压力下的人甚至在开始做事前，身体就已经主动对即将到来的任务做出了预测和反应。皮质醇越早飙升，接下来一个小时里的氧化应激水平就越高[8]。

预测问题毫无帮助，它只会增加压力反应。我们明明是在努力准备应对挑战，带来的却很可能只是负面经历。所以，不要预期事情的发展，试着训练自己培养"我不知道"的心态——保持好奇、谦逊和中立的开放状态。一旦接受了"我不知道"，你就将不再执着于结果，放弃对灾难性结果的想象，坦然面对各种可能。当你回答别人"我不知道"时（发自真心地回答，而不是厌恶轻蔑地说！），你可能会得到一个惊讶的微笑。对我来说，经历了2020年的情况，这种"不知道"的心态被进一步强化，就像穿上了盔甲。我现在觉得自己已经做好了更充分的心理准备，哪怕再发生疫情或是别的意外，我也可以从容应对。

今天你要问问自己：我现在是否感到不确定？我是否对未来有着模式化的期待？如果是这样，你就要放低预期了。你要提醒自己：今天要面对的是一片充满可能性的广阔天地。

今天在进行练习前(在以后的每次练习前也是一样),先看看下面的波浪图像。看到它,就提醒自己向后仰,慢慢地深呼吸,迎接全新体验的到来。

〜〜〜
〜〜

> 今日练习

抓与放

今天我们练习如何放松地面对不确定的时刻,让自己不再紧张。不确定性通常表现为具化的压力,在这个过程中,压力和负面情绪会转化为生理上的感觉,让身体处于紧张状态。然而幸运的是,生理感觉也会反过来影响情绪,因此通过释放身体的紧张,就可以改变情绪状态。

如果你现在是站着的,就先找个地方坐好——理想情况下应该找一个安静舒适的地方,但其实任何地方都可以用来练习,甚至是地铁或巴士上,或者办公桌前。(如果条件允许,可以戴上耳塞来屏蔽干扰,或者听一些舒缓的音乐。)接下来,按照下面的步骤训练自己:

聆听你的身体

闭上眼睛,专注于当下:缓慢呼吸三次,让气息深入腹部。简单地说,就是要注意你此刻的生理感受,比如你身下的椅子带来的感觉,以及房间的温度。

寻找身体压力

用大约 60 秒的时间,打开注意力的"手电筒",慢慢扫描身体,从头顶开始,逐渐向下移动到脚趾。压力存在于体内,但不同的部位承受着不同的压力。找出你紧绷的身体部位,是脖子、肩膀,还是腰部?让那里放松下来。假如你双手紧握,那就张开手。若是肩膀紧绷,就向后转动肩膀。呼吸,放松其余紧绷或感觉沉重的部位,将不确定性释放。

现在,问问自己:

- 此时此刻,当我想到明天、下周或未来的时候,我在想什么?
- 我最不确定的是什么?
- 我对事情的发展有什么预期?

放下预期

你是否总喜欢预测事情会如何发展？要明白你的预测只是一种可能的结果，而不是确定的事实。把心里关于今天或下周的种种预期擦干净，提醒自己任何事都有可能发生，包括意料之外的好结果。要迎接不确定性，把它说出来，一笑置之，保持深呼吸。随着时间的推移，未知且不可预测的神秘都将被揭开面纱。

最后，向后仰

将身体向后靠在椅子上。当你更为放松地靠在座位上时，你就更善于接纳、更轻松自在、更能坦然接受即将发生的事。舒适地向后仰，使精神状态与身体姿势匹配。让事情一点点地在你面前展开，仔细体验当下的真实与确定。在这一刻，你很安全。你可以放松。

【附加分】

不确定性导致的压力会悄悄逼近我们。当这种压力在今天进入你的身体时，一定要抓住它，借此获得额外的收益。

选择今日的三个时间点去捕捉不确定性带来的身体压力： 在手机上设置闹铃，提醒自己时间到了。可以选择悦耳的铃声。

闹铃一响，就暂停手里的工作，微笑一下。 是时候检查你的身体了！找个地方坐下来，重复上面的练习：你现在不确定的是什么？扫描身体，找出压力和紧张，然后释放它们。

一旦你发现自己正变得紧张起来， 通过意识到自己正在无意识中承受着压力，找到压力，将它释放。闭上眼睛，身体后仰，专注于呼吸。保持开放，接受当下，迎接随之产生的温暖感觉。记住，对未来（哪怕是 5 分钟后！）的不确定无一不是假设。任何时候，只要你愿意，你都可以进入当下，体验当下的确定和轻松。

【疑难解答】

有时我们会担心某事，根本停不下来。放弃掌控感难如登天，所以首先，不要对自己太苛刻。我们中的一些人，尤其是有过童年创伤的人，会形成一些根深蒂固的思维习惯，这些习惯让我们很难有安全感，也很难体会到"放手"的意义。如果你发现自己一直纠结于某件事，思绪纷乱，停不下来，这里有一些方法供你尝试。

·对发生风险的可能性进行切实的评估

如果你担心某件事可能会发生，那就分析一下发生的可能性。最坏的情况是什么？这种情况发生的可能性有多大？生活中的每件事都伴随着一定的风险，但发生风险的可能性通常是极小的。要聚焦于合理的可能性，而非无端揣测。

对于患有严重焦虑症（通常被称为广泛性焦虑障碍）的人来说，长期地忧心烦恼会使身心虚弱。认知行为疗法可以帮助人们减少担忧，从中解脱出来，更专注地投入生活。比如尝试一些有关不确定性的小实验：找到一个问题（例如想要社交，但对参加聚会感到焦虑），对此做出预测（如果我去参加聚会，肯定连个说话的人都没有，只能一个人坐着）。你能忍受那样的情况吗？基本上是可以的。做这个实验，把结果写下来。如此一来，你就训练了自己的"不确定肌肉"。重复练习，锻炼肌肉，你就能更准确地了解最可怕的结果发生的频率。(比你想象的要低得多!)

· 制订计划……然后将其放到一边

你很想做计划,这种冲动有时是一个信号,表明你确实需要做一些心理准备,以便在之后感到胸有成竹和放松。那就尽管去做吧,但一定要适可而止,不要一直在脑子里做计划!一旦身处压力之中,我们就需要立足当下,看到真实的情况(而不是我们想象的情形),这样才能有效解决问题。着眼于当下,是一种聪敏且灵活的心态:制订具体的计划,然后将它放在一边,你就可以专注于当下了。

作为一个最终摆脱了强烈控制欲的人,我养成了一个终生的习惯,那就是列任务清单,然后把它放在一边,这是我每晚临睡前放松活动的一部分。这样我就不会把睡眠时间花在背诵清单或不停地列计划上面,试图以此掌控未来。

· 如果是新闻给你带来了干扰……

你不是一座孤岛,也不是生活在真空的气泡之中。世界已经成为一个充满了高度不确定性的地方,各种各样的事件影响着我们。现今,我们都会阅读大量新闻。上次大选期间,我每时每刻都在关心最新事态,不停浏览新闻网站。我感到筋疲力尽，睡得也不好，有时还会半夜起来看新闻！

尤其是灾难发生时，太多的媒体一拥而上，这实际上是造成人们创伤后应激障碍的主要原因[9]。这一点经过了充分的研究和证实：在危机时期看新闻报道，只会让我们的感觉变糟，而不是变好。"9·11"事件后进行的一项研究发现，那些最常浏览媒体，尤其是视觉图像的人，在三年后出现的焦虑症状和健康问题更多[10]。现在，在一个联系日益紧密的世界里，我们大多数人随时可以获取新闻。但经过科学证实的事实是，我们不应该这么做！不断查看新闻，并不是应对这个满是不确定性的世界的好办法。

问问你自己，现在查看新闻是否会给你带来帮助，是不是可以等等再看？新闻永远不会有完结的时候。总有新闻供你浏览。事实上，我们很少需要实时了解新闻。如果你很想看新闻，可以告诉自己：过一会儿再看吧。等等再看也不迟。

DAY 2 第2天

快乐的人都会做"减法"

℞

今日练习 | "删除"不重要的事项

我真的需要这个吗?

非我不可吗?

我可以按下删除键吗?

第2天 | **快乐的人都会做"减法"**

简刚满45岁,是一名活动策划人,她从十几岁起就饱受抑郁症的折磨。大体上她知道该如何应对:接受治疗,外加服用药物。可这一次,她没能及时抑制住病情。她尚未意识到自己需要帮助,就已经深陷其中不能自拔了。就这样,她失去了在一家高档餐厅的工作和稳定的收入。她定居的城市物价高昂,她捉襟见肘,手里没有任何积蓄。

于是她搬去和母亲同住。母亲住在市郊,离市区有一小时的车程,家里有一间空房。她只打算在那里暂住,直到生活回归正轨。后来,她重新找到了一份活动策划的工作,但只是兼职,感觉像是一种退让。与此同时,账单越积越多,一直存不下钱,让她压力很大。她怎么才能搬出去呢？

然后，一件意想不到的事发生了：她母亲中风了。

磁共振成像结果并不乐观。医生说，通过物理治疗，简的母亲可以恢复部分身体机能，但许多症状永远也不能治愈了。简的母亲本来很能干，也比她同龄人的母亲年轻，可一夕之间竟然失去了行动能力。

几个月过去了，简的母亲恢复得相当好，事实上比医生想象的更好。她可以扶着助步器四处走动，说话也很流畅。她又恢复了从前的活泼幽默，可以做大多数生病前喜欢做的事，但她的右腿和右手不再像从前一样听使唤了。她自己做不了饭。简担心母亲在自己外出工作时摔倒，但母亲不想找外人帮忙。简觉得自己永远也搬不出去了，至少在母亲病情好转之前是这样，而医生们并没有明确告知她好转的可能性有多大——如果这种可能性确实存在的话。与此同时，在工作中，简对以前从不曾困扰自己的事感到恐慌：活动还没开始就弄丢了银质餐具，还弄错了账单。有时她觉得自己一整天都在提心吊胆。似乎一切都失控了。

控制感是驱使压力水平上升和下降的关键因素之一。我们喜欢掌控的感觉。正如前一章所说，人类的大脑喜欢万事有定，我们希望了解自己的未来。不仅要了解，还要有能力决定它如何最大限度地展开。感觉"一切可控"，有助于我们减轻压力，尤其是有害的慢性压力。当然，你仍会遇到压力事件，但当你可以掌控自己的一天时，你就更有能力去培养一种健康的压力反应：从高峰中恢复，迅速回到基线，而这对你的身心都有益。与此同时，如果你觉得自己在日常生活中、在工作中或遇到重大事件时没有发言权，那么遇到相同的压力时，你的反应就可能会相反：到达顶峰后永远不会消退，处在由不确定性和无力感带来的持续慢性压力状态中。

对生活有着高度的掌控感，可以带来快乐、健康和财富[1]。掌控感有助于调节情绪，增强抗压能力。例如，当我们凡事更有把握，面对工作、家庭或社交网络中可能出现的压力事件时，我们的情绪反应就会减弱[2]。压力事件结束后，具有高度掌控感的人不仅不会那么焦虑，头痛、胃痛或身体其他部位的疼痛症状也比较少。人们对生活的掌控感越强，感受到积极情绪的频率和程度越高，感受到消极情绪的频率和程度就越低。控制感让情绪更稳定。对于退休人群来说还有一个好消息：上述倾向在老年人身上体现得尤其明显，通过获得掌控感避免强烈压力带来的负面影响，对他们来说格外有效，即使在疫情期间也是如此[3]。

但控制是一件好坏参半的事。是的,控制感可以让我们感觉自己很有力量,帮我们摆脱无力感,消除恐惧、焦虑和压力。但当我们试图控制无法控制的事时,效果就恰恰相反了。

控制感是一把双刃剑

说到管理压力,我们需要在可能掌控事物的情况下感受到切实的掌控感,但也要知道哪些事是无法改变的。面对生活中的不确定,人们自然想要掌控更多,从而让自己的世界变得清晰可测、"更为安全"。要是感觉到有什么东西从指缝中滑落,我们会本能地将之抓得更紧。但是,有时情况明明已经超出了我们的能力范围,我们却还要将自己的意志强加其上,就只会使压力持续存在,从而造成危害。

一项关于狒狒的有趣研究充分说明了这一点,它对人类也有借鉴意义,毕竟,我们就像是穿衣服的狒狒。我们都是高度社会化的生物,社会分层会影响我们的健康。狒狒是等级分明的灵长类动物,从下属之间的互动到一般资源,雄性统治者控制着一切。由于社群地位和控制环境的能力，占支配地位的雄性和雌性狒狒能得到很多好处，这让它们的整体健康状况更好，患心血管疾病的概率也更低[4]。

然而，当雄性狒狒地位不稳时，情况就变了。狒狒社会中的等级制度可能会因成员死亡、极端天气或环境变化、与其他群体的冲突以及群体内部的冲突而受到破坏。雄性领袖一旦不能再像以前一样生活在可以预测的稳定环境中，例如被迫迁移到了新的地方、进入了新的社会群体，需要维护自己的地位，那么它们的生理优势就会随着地位的失去而消失。它们比下属更容易患心血管疾病。但问题不仅在于它们失去了曾经拥有的控制权，更重要的是，它们仍在试图控制一切。这是它们的天性，但就好比是在用肉身去撞砖墙。它们为此付出了代价：体内的压力激素增高，所患的疾病也变多了[5]。

当你可以控制局面时，便能从中受益，但如果努力争取之下还是掌控不了局面，就只能饱受折磨。控制感是一把双刃剑：当你所处的环境稳定可控时，它就是一种策略，对你大有助益，但如果情况相反，就不是这样了。正如我们在上一章中讨论的那样，稳定安全的环境随时都可能分崩瓦解。万事有定的环境确实存在，可出于任何原因，它都可能会突然之间消失不见。

在现代生活中，我们会遭遇种种不可预测的干扰，其中最强大的一项是疾病。如果你照顾过患有重病的亲人，或许会对他们的病情深感无能为力。从业以来，我对照护患病亲属的人进行了广泛的研究。而在我的压力研究中，我特别有兴趣了解这类人的经历，用以观察他们生活中很多无法控制的因素。为进行压力健康研究，我们招募了照护患病亲属的人（而非花钱请来的护理人员）作为实验对象，因为他们面对的无法控制、持续不断的压力会随着时间的推移而增加，从而影响健康。我的同事贾尼斯·特格莱泽-格拉泽和她已故的丈夫罗恩·格拉泽对这个课题进行了经典的研究，发现这类人在受伤后，伤口的愈合时间要比普通人多9天[6]。

在研究这一群体多年后，我也开始照护亲人，所以我很清楚，掌控感很重要。照顾患有精神疾病的家庭成员时，道路尤为难行：你经历的种种情况都会引起杏仁核的警觉，杏仁核是大脑中控制情绪的部分，会让人感到不知所措、负担沉重、深陷桎梏不能自拔等等情绪。照护病患的成本，以及精力和收入的损失，都会影响照护者的经济状况。他们更有可能出现抑郁、焦虑，使用医疗保健服务的可能性也更大[7]。所以，要想生存下去，他们需要专注于自己为数不多所能控制的事，从而最大限度地提高自身的抗压能力。

对照护患病亲属的人来说,"我能控制什么"是一个非常紧迫的问题。你想为亲人争取权益。你想提供他们所需的支持和必要的干预措施,让他们身体健康。与此同时,医疗条件和遗传疾病却都是你无法改变的。你无法预测它们的发展轨迹。一旦亲人被诊断出疾病,无论是他们的未来还是你自己的未来,都会在很多方面变得毫无把握。在这种情况下,照护者面临的挑战是要学会如何一方面不去控制局面,一方面又提供支持,弄清楚该把爱和精力投入哪些研究或行动,这样才能帮上忙,而不是像无头苍蝇一样乱转,或是试图移动一座永远都动不了的大山。

这是一个不断进行心理校准的过程,并不是只有照顾患病亲属的人或为人父母者才会如此。它同样适用于那些照顾成瘾者的人,他们同样无能为力,还有那些投身公共服务、致力于做出改变的人,比如行动主义者,以及医疗和社会服务等领域的从业者。无论情况为何,只要我们非常关心结果,就很容易陷入与不可控因素的长期斗争。但很多时候,这是一场必败的战斗:你无法获得你所寻求的掌控力,同时自己的健康也会受到影响。

在这种情况下，我们要学会把生活分成两部分：一是我们能控制的，二是我们控制不了的。

今天，我们要学会控制自己能控制的，放下其他的。

有一种方法可以获得立竿见影的效果，那就是更加有意识地去观察你的精神能量流向了哪里。人的精力都是有限的，而注意力是一种宝贵的有限资源。如果你花了很多时间去预测一些尚未发生的事，或者反复思考一些已经发生的事，那就要多留意了。如果有什么事占据了你的精力，那就要问问自己：这是我能控制的吗？

还记得我的朋友布莱恩吗？本书开头提起过他。他有所顿悟、意识到自己正在与无法控制的事物做斗争的那一刻，对他来说是至关重要的。他接受了无法控制的现实，转而专注于他能够控制的小事，从此体验到了一种巨大的自由感。这种顿悟转化成了坚韧和适应性，增强了他的幸福感和获得快乐的能力。他的注意力一旦集中在他能控制的日常小事上，就觉得感官世界向自己敞开了大门，他可以以一种全新的方式体验丰富多彩的生活。他觉得自己充满了活力，并为此心怀感激。他与别人的联系更加深入，觉得自己能更生动地读懂他们的情绪。这种幸福的感觉持续了好几个月，而他从未忘记这种感觉。说来令人惊讶，这成了他一生中最没有压力的一段时期。这为我们上了一课：假如我们专注于可以控制的事，并接受其他的一切，生活会变成什么样子？

现在来盘点一下

通常，我们抱怨的都是一些超出自己控制范围的事，比如孩子不听话或者生了病，别人对我们的看法或对待我们的方式，我们所爱的人遇到的难题，选举的结果，甚至是自然界的火灾、洪水、极端天气和流行病。我们在无法改变的事情上花费了大量精力。为了控制无法控制的事，身体做出了"采取行动"的压力反应，结果我们不仅一无所获，压力基线还保持在了较高的水平上。

因此在这里，我们将日常生活中主要的压力源分为两类：

1. 我有能力改变的；
2. 我无法改变的。

在上一章中，我们谈到了不确定性导致的压力具有模糊难辨的特性：这种情况太过普遍，我们甚至无法发现它正在消耗我们的体能及精力。我们要做的是抓紧和放手：在压力时刻抓紧，然后放手。下面，我们将以此为基础，对生活中的压力源进行清楚详细的分析。

每个人眼中的压力源都是不同的。我们都是通过独特的视角来感知世界的，这种视角由我们的经历、基因等塑造。有些人可能觉得上下班通勤让人备感压力，另一些人则可能很喜欢这段独处的时间。现在花点时间，按照指示完成下面的"压力盘点"。

压力盘点

拿出笔和纸（如果有笔记本更好，可用来跟踪记录），写下所有现在能想到的让你感到压力、紧张、愤怒或不确定的事。

你可能会想到日常生活、人际关系和工作。尽可能全面详细地列出它们。重要提示：现在不要苦思冥想解决办法。你的任务只是把想到的每一个压力源写下来。

然后看看这份清单，这就像在盘点存货。我们要做的第一件事是看看是否有可以删除的东西，就和修剪树枝差不多。我们所有人都应该时不时地盘点一下压力，然后问自己：这一项需要保留吗？要想掌控局面，方法之一就是放下一些东西，对它们说"不"。

删除压力

当太多的球出现在空中需要接住时，我们只会感到失控。有时，正确的做法是让一些球掉下来。

对于这个建议，我从人们那里得到的最为常见的反应是：任何球都不能丢掉，每一个都是必不可少的。这都是我们赖以为生的事情，每件都不能放弃。对于这样的想法，我们有必要进行质疑。

每年，我都会在加州大学旧金山分校为公众介绍正念静修，我最喜欢做的一件事就是把身心科学转化为公共资源，提供给有需要的人们。我要求听众在静修中做"压力盘点"的练习。他们说不知道该删除哪一项，听到这意料之中的答案后，我让他们发自内心地质问自己，事实是否真的如此。事实是，人不可能做到每件事，必须有所舍弃。盘点一下你列出的清单：有没有什么是你可以放下，至少是可以暂时放下的？有什么是你可以彻底放下的？

想要看清哪些东西可以彻底丢弃、哪些东西可以暂时远离，并不总是那么容易。那些事出现在你的清单里，自然是有原因的，可能与工作或家庭有关。我们似乎并没有选择，但有时需要把目光放远，以更开阔的视角，问问自己下面这些棘手的问题：

我可以按下删除键吗？

从长远来看，这件事有多重要？

谁说这件事必不可少？事实是这样吗？我该听谁的意见？

如果摆脱了这种情况或责任，会发生什么？要是把它们委托给别人去做呢？

有没有办法慢慢从中脱身？

最坏的情况是什么？在我的接受范围之内吗？

放弃它有什么好处？

对很多人来说，工作是最难放弃的。对于与工作有关的种种责任，人们觉得自己义不容辞，这是因为他们渴望得到认可、晋升、影响力，想要成为团队中的一员，或者害怕失去工作。但如果你已经筋疲力尽，那么想办法礼貌地拒绝别人的请求，并画下更严格的边界线，就显得尤为重要了。有时候，在工作中设定界线，可以被视为一种力量的象征，同事们可能会因此更尊重你的时间，一开始就不会给你太多的压力。学会在工作中说"不"，是一种非常宝贵的技能。当然，每个人的工作环境都是不同的。不幸的是，在有些地方，无论多么优雅地说"不"，都不是企业文化的一部分。如果所处的工作环境不允许你说"不"，那么也许应该探索一下，其他公司或行业是否有更加健康的工作环境。

理想的工作环境能提升幸福感。现实的职场中往往存在着人们过劳工作的情况，如此一来会损害健康。人们在工作中感受到的倦怠与个人成败无关，而是因为工作有种种要求，加上资源不够或人手不足。倦怠是慢性压力的一种有害形式，源头在于需求经年累月持续不断，没有让人恢复的时间。这会导致恶性循环，引发三种情绪问题：情绪耗竭、愤世嫉俗、感觉自己效率低下且表现不佳。每一天你都会过得非常糟糕。睡眠的周期和激素水平可能会失调，皮质醇可能会过高或过低。对此，唯一有效的解决办法是改变应对方式和工作环境。假如无法改善工作环境，就放弃这份工作。

女性所做的隐性工作往往更多，包括以服务为导向的工作。这些工作得不到社会认可，因而带来的倦怠感也更强烈。职业倦怠研究领域的先驱克里斯蒂娜·马斯拉奇博士已经确定了避免职业倦怠感出现的关键因素，包括愿意支持你的同事、对决策和工作量的控制能力、在工作中得到的欣赏和认可、感觉工作环境很公平，以及在工作中找到的意义[9]。我意识到，减少日常的时间压力，让自己慢下来，对过好生活至关重要，这样我们就有更多的时间来实现自身价值、感恩、修复身心，把人看作独立的个体，而不是工作事务的一部分。时间上的紧迫感持续不断，是降低我们生活质量的罪魁祸首。一定要在各项任务之间留出几分钟的空隙，有意识地做几次深呼吸，迎接下一场会议，并设定积极的目标，这样才会有所帮助。

社会责任也很艰巨。我们希望陪伴生命中重要的人，但通常我们会被大量的社会义务淹没，这些义务与其说是满足感的源泉，不如说是一种消耗。是的，社区是非常重要的，拥有强大社交网络的人压力反应比较小，但拥有强大的社交网络，并不一定意味着要拥有庞大的社交网络。我们通过研究和调查发现，随着年龄的增长，人的社交圈会逐渐变小；随着我们留在地球上的时间越来越短，我们会发现自己不愿再努力维系那些不能带来支持和满足感，以及有着显著负面影响的人际关系。我们可以问问自己：为什么要等到以后才去简化社交网络,让它更积极、更能提供支持?为什么不现在就做?

这绝不是让你抛弃正在经历人生低谷的朋友。人际关系会向不同的方向倾斜,有时你依赖别人,有时他们依赖你。没有一段关系会永远保持完美的平衡。假如你缩小自己的生活圈,想看看可以在哪些地方减少压力和责任,那就需要从长远的角度来审视。这还会帮助你重新意识到谁是你生活中最重要的人,以及你想把时间和精力投入哪里。从这种视角出发,你会更容易"删除"那些对你的一天构成干扰的压力源。

你可以这样想:删除这些事情后,时间就会变得宽裕,我就可以去陪伴所爱之人了。

我们很多人,尤其是那些常常使用社交媒体的人,都患有一种"错失恐惧症"。我们不停地说"是",因为不想错过分毫。我们想要面面俱到。我们想成为团队中的一员,跟上其他人的步伐。但是,所有这些让你备感压力的事,并不一定能帮助你保持良好的社会关系,尤其是在你紧张和脆弱的时候。有时候,为了幸福、人际关系和处理日常压力的能力,你所能做的最好的事就是说"不"。

简化你的一天

新冠疫情在这方面为我们提供了一个有趣的教训。2020年3月,封控开始,我们被迫以有史以来最突然、最极端的方式避世隐居。对许多人而言,工作突然变得遥不可及。社交网络逐渐关闭,他们能见到的只有家庭成员,甚至只剩下了他们自己。有些人独自度过了疫情蔓延的那几个月。那年一个朋友在视频聊天时和我说:"我有6个月没触碰过活人了。"到了可以接种疫苗、极端的社交距离有所改善的时候,我们大多数人都迫不及待地想要重返社会,想要"回归正常"。但与此同时,一个有趣的现象出现了:许多人突然不愿意回到原来的状态了。人们纷纷暂停,许多他们在疫情蔓延前认为是"必需"的事,现在很明显无关紧要了。"重回社会"给了我们一个机会去评估生活的各个方面,从而自问:我真的需要这个吗?非我不可吗?我的注意力和时间都很有限,我想把它们投入这里吗?

也许我们并不愿意把所有这些事情都列在日程表里。也许我们想以一种更符合自身激情和价值的方式重新融入世界。突然之间,我们有机会问自己:我想过什么样的生活?所有这一切都与我的目标一致吗?

其实并不需要席卷生活的全球疫情，我们也能更频繁地进行这种"评估"。通常情况下，只有在大事发生的时候，我们才会用健康、长远的视角来看待生活。有时是人到中年的重要生日，有时是更悲伤的事情，比如失去了所爱的人，不管原因是什么，这都会让我们走出只知埋头苦干的狭隘视角，而我们采取这种视角往往是被迫的——为了完成所有事，让生活行驶在正轨上。但随着时间的推移，"正轨"可能会慢慢出现偏离。如果不经常抬起头来看看周围，我们就不会发现自己离想要去的地方已经越来越远。每当我们对某件事说"是"，留给更关心之事的时间就会相应减少。看看你的每周日程表，你能更充分地利用自己的时间吗？

这就是我所谈论的大局观，而今天不过是一天而已，我不会要求你在今天之内重新评估生活的方方面面，所以不必担心！在研究压力的过程中，我们会关注人们生活中的重要事件，包括那些会增加压力的普遍情况（比如对工作掌控不足、承担了过多的照护患病亲属的责任），以及减轻压力的因素（比如乐观的态度或强烈的生活使命感），但我们也会关注作为健康基石的日常习惯。日常生活的影响力会随着时间的推移而增加和放大。习惯、流程、日程安排，这些结合起来，就构成了我们的生活。"下个月我要把这件事从日程表上删掉",这话说起来很容易,但尽量不要在行动上拖得太久。作家安妮·迪拉德说得很有道理:"我们如何度过每一天,决定了如何度过这一生。我们在这个钟头里所做的事,构成了整个人生的底蕴。"

为了确定删掉日程表上的一件或几件事能否消除压力,你需要审视今天和未来的一周,真正问问自己:我所做的每件事对我来说都是最重要的吗?在回答这个问题的过程中,你可以弄清楚哪些事必须保留(即使会带来压力),哪些事可以放手。

什么才是真正重要的?

要想弄清楚哪些事可以删除,哪些事需要集中精力予以重视,一个有效的方法就是假装自己已经走到了生命的尽头。

我的一位朋友兼同事蒂卡被确诊为癌症晚期,最近她把生活和事业中所有重要的人都叫到了一起,比如朋友、研究伙伴、以前的学生,她要与他们进行一次群组通话,与他们告别。她当时住在临终关怀医院,大家被告知,她很可能已经走到了生命的终点。这是一个令人震惊的消息,我们都竭力应付着这突如其来的噩耗。我本来很紧张,但通话一开始,我的焦虑就消失了。那是一个令人难以置信的时刻,充满了欢声笑语,我们表达了对她的感激,分享了回忆,还提到了她对我们每个人的影响。但最令我震惊的是,她所说的一切都表明,她做到了人人都渴望做到之事:充实地生活,不留任何遗憾。

"我并不后悔把一生都用在了研究上。"她说,"工作对我很重要。我希望学生们看到我的人生后可以这样思考:哪怕是在很短的时间里,我也可以做一些有意义的事。我的生活非常充实。"

蒂卡和我们一样在日常的艰辛中挣扎:平衡工作和家庭,平衡生活的义务和自身的激情。但总体来说,她能够审视生活,看到自己尽全力实现了价值和激情。我意识到,我也希望自己能说出同样一番话。

最近,我收到了一个令人惊讶的消息:蒂卡的医生坚持尝试新药,她的病情有所好转!但与这样的病共存,就意味着必须不断面对一个认知:要想改变生活方式,时机就是现在。那天,她邀请我们所有人了解她的经历,给了我们一份慷慨馈赠。她温柔地提醒我们审视自己的每一天,将眼光放长远,问问自己:我的生活充实吗？我想把精力放在哪里？有什么是可以放弃的？

我之前说过，随着年龄的增长，我们会变得更加积极，我们的社会关系也会变得更加积极。不过，这其实与年龄无关，而是关乎对于时间的感知：我们越是意识到所剩的岁月无多，就越会转向更有情感意义的目标，包括帮助他人。换句话说，我们知道自己的时间不多了，就会把时间花在对我们真正有意义的事情上。这可以被称为精神紧迫感，是一份我们可以放进应急包里的礼物。精神紧迫感能带给我们自由的感觉：现在就大步跃向更有意义的目标吧。活在当下，就当作这是你的最后一年。

优先事项盘点

如果只剩一年的生命，你会如何度过这段时间？
你想和谁一起度过？
你理想的一天是什么样的？

这些问题有助于我们确定自己重视的是什么。我们可以确定自己的优先事项有哪些，使其与日常生活协调一致，同时在可能的情况下摆脱那些与之不一致的事。

之前，我让你列出了生活中所有的压力源，其中可能也包括给你的生活增加压力的人。现在,让我们来关注那些丰富你生活的人:谁让你感到快乐、被爱、备受鼓舞?你可能会想到所有让你的生活更充实的人,思索如何腾出更多的时间陪伴他们。首先,你也许可以试着多与他们见面或聊天。

我们也许无法控制自己能活多久,但我们可以调整自身,把现在当作生命的最后一年,从而活出自己的价值,确定优先事项。正如我们将在后文中讨论的那样,过有意义、有目标的生活,是缓解压力的最好方法之一。

当然,有些事即便与我们的目标"不一致",也是不能删除的。生活中有很多责任是我们无法甩开的,比如工作中的某些任务,或者照顾患病的亲属。对于无法改变的事,我们该怎么做?

无法改变的事

现在继续说回简的情况。她的前途尤为渺茫不定,带给了她深刻的困扰(母亲的病能否治好?不确定;她自己能否找到心仪的工作?也不确定)。很自然地,她想在某种程度上掌控自己的处境。一切在一夕之间发生了翻天覆地的变化,让人措手不及。有时,当简熬夜阅读有关中风后神经重塑的医学杂志时，她觉得只要找到正确的信息，她就能让时光倒流，让母亲恢复以前的样子。与此同时，以前能掌控的事情（比如工作绩效）正从她的指缝中溜走。

我们投入了大量的精力去解决无法控制的事。我们所以为的可能性和真实存在的可能性之间存在着很大的差距，这正是苦恼所在。我们控制不了别人，也控制不了别人大脑中的血管是否会收缩。过去更不在我们的掌控范围之内。在辩证行为疗法中，对于那些因极端情绪和思维反刍（反复思考已经出现的想法或情况）而苦苦挣扎的人，对策之一便是提醒自己：这件事已经发生了。事实已成定局[12]。接受了一段时间的辅导后，对母亲的病情，简开始这样开导自己：这就是现实。是的，她有时难免悲伤，但她也感到更为平静，不再像从前那样注意力涣散和疲惫了。

我很高兴简能做出这种心态上的转变。我们在多项研究中发现，加速细胞老化的并不是照顾患病亲属本身。这是人们因为期盼情况有所不同而产生的继发反应。照顾患病亲属的人会更为频繁地否定当下，我们称之为消极心神游离，在这种状态下，人会希望自己能身处别处，或者能做一些不同的事[13]。有了这种想法，幸福感就会降低。我们还发现它会令人衰老，并导致端粒变短[14]。

面对生活抛给你的每一个挫折，你应该被动地全盘接受吗？不，我不建议那样做！你可以努力改善这种情况，而不必试图将意志力加在那些你永远无法真正改变的事情上。无论简在谷歌上搜索多少次，都改变不了母亲的病情，也无法确保母亲一个人在家绝对安全。她能做的就是让母亲戴上医疗警报项链。母亲起初很生气，但简走访了很多家商店，终于找到了一条漂亮的玫瑰金项链，形状像一朵花。她请母亲"帮帮忙"："我必须专心工作，不能整天提心吊胆，为我戴上它，就是帮了我的大忙。"于是母亲戴上了项链。

不久后，简搬到了自己的住处，那里距离母亲家不远。她有更多的精力投入工作，于是事业很快出现了转机。很难不去期望自己的处境能有所改善，她有时确实会不由自主地胡思乱想，想象着各种可能性：要是我早点注意到母亲的症状会怎样？要是我们能抢先一步接受治疗呢？但大多数时候，她都能意识到自己又陷入了思维反刍，及时把思绪拉回来。

当我发现自己在试图改变一些不在掌控范围之内的事时，我就会花点时间，想象我在拉一根绳子，绳子的另一端系在一个不可移动的东西上，比如一块巨石。我用尽了所有的精力去解决一些无法解决的问题，而那块石头纹丝不动。于是我轻轻地问自己：我能不能把绳子放下，顺其自然[15]？还有些时候，面对很难摆脱的棘手情况，需要着重告诉自己"放下绳子！"，学会全盘接受。我们接下来会进行这方面的练习。

接受并在痛苦中找到平静

即便某件事超出了掌控范围，我们仍然可以控制自己对它的反应。许多人转而求助于正念冥想，因为它致力于让我们接受感觉和想法。在一项研究中，研究人员比较了两种不同正念课程的效果，这些课程指导参与者每天进行短时冥想[16]。第一种课程使用了一款应用程序，它鼓励学员在集中注意力的同时感知注意力，因此，学员要将注意力集中在呼吸上，一旦意识到注意力有所分散，就把它再次拽回。（许多研究发现，这种练习有利于专注，尤其可以促进感知，所以一旦你开始走神或进入思维反刍，就能及时发现。）第二种课程使用了一款不同的应用程序，它在前一款应用程序的基础上增加了接受自身状态的目标，不仅仅是去感知想法和感受，还要温和地接受，尤其是我们通常会回避的负面经历。两组学员的注意力都有所提高，但只有第二种课程的学员有了更积极的压力反应，即能以健康的方式和更为积极的情绪，对事件做出反应并从中恢复过来[17]。学会了接受，才能拥有抗压能力。

我们大多数人都知道，如果你陷入了激流，总会听到这条建议：不要与之抗争。不要对抗现实，那样你只会筋疲力尽，被冲到更远处的大海里。激流太猛烈了，我们根本不是其对手。要想漂浮在水面上，唯一的方法就是随波逐流，随着波浪浮浮沉沉。顺其自然，看看你会被带到哪里。也许你可以通过其他的方式利用它。与其刻意回避，我们可以用一些创造性的方法来应对强烈的负面情绪。

从基本层面来看，"全盘接受"*就是接受一些可怕或造成精神创伤的事情已经发生了。在这种心态下，我们接受了无法改变的事实。"全盘接受"更胜于其他选择，比如逃避、拒绝现实、与激流抗争、以受害者自居（"为什么是我？"），它可以减少羞耻、内疚、悲伤和愤

---

* 全盘接受，又称"根本性接受"，接受现实的本来面目，而不是陷入对现实的情绪反应。

怒等痛苦的情绪。对情绪波动过大、有创伤后应激障碍和慢性疼痛的人来说，这是一种很有用的方法[18]。"全盘接受"帮助简接受了母亲的病情，也接受了她照护母亲的新生活。

在生活中，有太多已经发生或将要发生的事，并非我们所求，也并非我们所欲，这些事叫人失望和痛苦，我们需要花费大量的时间，付出很大的努力才能适应。这些情况大多是无法控制的，但它们也是很好的机会，让我们积蓄力量、提高抗压能力，尽管我们并没有这样的要求。这些低谷构成了成长的基石：没有了其他选择，你就能找到不为你所知的力量。这既关乎接受，也需要我们管理自己的预期和情绪。今天我们便要开始练习"全盘接受"，但要知道这通常不是一朝一夕就能完成的，而是一个不断重复的过程。一旦感到某种情况会带来痛苦，我们便可以来个大转弯，试着彻底接受它，也接受我们的情绪反应。

当然，并不是所有事情都能被清晰地划分为"我能控制的"和"我不能控制的"，毕竟，其中存在着不同的程度和灰色地带。该把认知和情感能量放在哪里，经常需要我们评估后才能确定：评估什么时候该克服困难，什么时候该放手、顺其自然。

在第 1 天，我们谈到了由生活固有的不确定性引起的无意识紧张，对策是听之任之。我们做了"抓与放"的练习，训练自己去留意何时感受到了这种压力，同时学会放手。今天，我们要更进一步，向外看，留意生活中让我们持续感到压力的具体情况。

> 今日练习

"删除"不重要的事项

全面评估

使用本书第 44 页的"压力盘点"技能，列出生活中所有让你备感压力的情况。如果你在阅读这一章的同时已经这样做了，很好，直接进入下一步；如果没有，就翻回那一页，把清单列出来。无论是多小多琐碎的事，都可以写在清单上。对于那些比较宏观的问题（比如工作、养育子女、人际关系），试着写下其中让你备感压力的具体情况。

删除你能删除的

看看你的清单，划掉其中所有你能摆脱或结束的事。例如某个项目你没时间去做，或者引起了太多的冲突，那么不如干脆放弃它，或者委托别人去做？想象摆脱了这个特定的压力源后，你的一天会怎么样。

如果没有什么是可以轻易删除的，请回答以下问题：如果你不得不丢下一件事，那会是什么？如果没有这件事，你（和其他人）会怎么生活？你会失去什么？放弃它，最糟糕的结果是什么？这个结果与保留它造成的后果相比，孰好孰坏？（详见本章第 46 页"我可以按下删除键吗？"。）大多数人都觉得自己的时间不够用，因此摆脱一些事，简化我们的一天，专注于优先事项，不仅可以减轻压力，还可以创造安逸舒适的空间，让我们感到快乐。

你准备好尝试了吗？

如果你诚实地回答"没有"，那也没关系。在本书最后的《更新你的减压处方》中，我们还会讨论这一点。

不过，如果可以的话，今天就放弃一些东西吧。看看从日程表上删掉一件事，哪怕只是一件小事，会带来什么感觉。

建立你的影响范围：控制圈

现在看看你的清单，圈出任何你觉得可以改变或改善的事。今天，你可以将部分注意力集中在这些事上。在每个圆圈旁边写下一件你可以做的、能够改善现状的小事。例如，你可能会觉得早高峰很让人煎熬。事实上，这是人们一天之中最常感到压力的时段之一。你是否可以考虑调整自己的作息，或者在前一天晚上决定好穿什么衣服、吃什么早餐，安排好第二天的日程？对于一些问题（经济压力、养育子女、工作），你或许无法凭一己之力改变情况，那么你可以与他人进行初步的沟通，开始做出微小的改变。工作压力很常见，可以将其分成"可控"和"不可控"两部分。上司对你不好吗？这是一个棘手的问题，但有必要好好解决，也许可以和朋友一起想办法。在极端情况下，改变有害的工作环境可能意味着重新找工作。

了解你需要接受什么：装满砖头的箱子

再看一遍你的清单，将你完全无法（或是很难）控制的事项用方框标出来。例如亲人生病或染上瘾癖、无法摆脱的项目、将你困在室内数天或数周的极端天气，以及创伤性事件。

尽量让这些事态得到控制。问问你自己：在这种情况下，有没有什么是我可以控制，从而减少无力感的？例如，简无法控制母亲不会再次跌倒，但她可以给母亲买一条医疗警报项链；我无法控制我家附近什么时候会再燃起大火，但我买下了足够数量的空气净化器（还准备好了应急包！）。大多数情况并非完全不可控，做出一些调整还是比较容易的。如果某个简单的改变可以让你掌控现在的局面（哪怕你仍然应付不了其后出现的弯道），那就把它添加到你本周晚些时候待办的事项清单中。

不要把自己逼得太紧。对于方框内的一些事项，你需要采取一种不同的应对态度，那就是接受和自我同情。对于无法改变的情况，你可以做的就是承认这很艰难，接纳自身的感受，而不是把它们赶走。

你能识别出痛苦的感觉（如悲伤、受人排斥、愤怒、怨恨），并顺其自然吗？这些感觉合情合理，属于自然反应。如果亲密的朋友遇到这种事，你会说什么来安慰他？你能对自己也表现出这种善意吗？

最后，把每个方框想象成你携带的沉重行李，比如装满砖头的箱子。它们确实存在，也无法搬挪，但你不需要将其随身携带。你可以把行李放一会儿。痛苦的经历尤其沉重，检查一下你是否正背负着它们。如果有帮助的话，在包含不可控压力事件的方框顶部画一个小把手。现在，开启下一件事之前，想象自己放下了这些行李。要想不再为这些问题担心，既不现实也不可能，它们一定会再次浮现在你的脑海里，但如果你一直背负着这种压力,就将精疲力竭,健康也将受到影响。此时若是再出现其他挑战,你就会应接不暇。现在,放下这些行李吧!你不用整天都背着砖头。

【附加分】

对于那些无法改变的难题,你可以试着练习彻底接受它们。这意味着在思想、心灵和身体上完全接受现状。这一点很难做到,因此才需要练习,必须一遍又一遍地重复,直至充分领会。唯有当我们不再忽视、对抗或试图改变现实时,我们才能真正感受到平静,享受到随之而来的所有身体健康上的改善。接受,并不意味着赞同。你只是选择不去和它抗争,免得承受更大的痛苦。

要学会彻底接纳,可以试试下面的练习:

找出一件让你深感困扰的事,这件事已经发生,无可改变,而你却很难接受。

1. 闭上眼睛,专注呼吸。
2. 搜寻这件事可能引发的痛苦念头,比如:这太不公平了,我受不了,为什么是我?

3. 用接纳和肯定的态度来应对这些痛苦的念头，比如：情况就是这样，这就是现实，这已经发生了，事情就是现在这个样子。

4. 接纳并承认悲伤和失望的情绪。注意体内的感觉。

5. 温柔地把手放在胸前，让温暖和善良的感觉传遍全身。做一次缓慢的深呼吸，提醒自己：我现在可以轻轻地放下包袱了。重复这个动作，直到被轻松的感觉包围。

【疑难解答】

有时候，我们很难发现那些给自己带来压力的具体事件。压力源可能很模糊，难以察觉和辨识……我们甚至会完全搞错。我们认为是某件事（比如水槽里没洗的脏盘子！）导致了压力飙升，实际上却完全是因为另一件事（关系紧张、经济压力、工作进展不顺等），也有可能是 10 件更小的事。如果你列不出"压力清单"，那么试试下面这个方法，它可以帮助你发现自己担忧的源头。这种练习还可以帮助过度担心的人将"担忧"控制在某一特定时间段内。

· 烦恼时间

准备几张纸或可以用来记录的东西，比如电脑或录音机，在手机上设定 5 分钟的计时。当你按下开始按钮时，你只有一件事要做，那就是担心。

这样做，就是在创造"烦恼时间"。

一旦开始担心那些尚未发生或永远也不会发生的事，我们就会花很多时间试图控制自己的思绪……这种认知角力会造成损耗。所以，在接下来的 5 分钟里，让你的思想自由驰骋，去关注那些"热点区域"。想担心什么，就去担心，任由大脑尽情地小题大做、胡思乱想吧。不要审查自己，只需把烦恼尽可能地记录下来。无论大事小事，都写在纸上，这样你就可以更客观地对其审视并加以确定，同时决定是否要继续为它们担心。担忧背后的原因是什么？如果你不能确定焦虑的来源，那就辨识出焦虑的特征，比如它的大小、形状、温度、颜色。定义焦虑，可以帮助你应对它。

你可能会发现，许多担忧实际上只是因为你无法容忍不确定性，这些忧虑很可能并不会成真，就和我们在第一章中谈到的一样。你可以想象自己把这些低概率的事件丢出了窗，然后把注意力集中在眼前的重大压力事件上，确定现在可以改变什么、不能改变什么。

这看似矛盾，然而事实证明，设定一段专门用来担心的时间，确实可以减少一天中其余时间的担忧。最后，在完满地结束这一天时，你会有种"如释重负"的感觉。你把所有的担忧都写在纸上，之后便再也不需要在心里反复思考。它们都在你的掌控中。明天你还会以这种方式再次应对它们。在手机上设定闹钟，在明天大约同一时间继续进行"烦恼时间"的练习。如果今天晚些时候担心的事突然又冒了出来，提醒自己你已经在明天预留出了担忧的时间。如果你经常难以确定具体的压力源，或者因为不确定性而感到笼统模糊的紧张，那么这种练习就能帮你培养很好的习惯。

· 你可能需要"二人烦恼时间"！

如果你与家人或伴侣都为同一件事感到压力，那就可以设定"二人烦恼时间"。当你和共同生活的人发生冲突时，家就变成了一个压力重重的地方。然而，由于家是我们睡觉和吃饭的空间，控制你们的冲突，把它放在一个你们能够共同掌控的"盒子"里，是非常重要的。要限制谈论和思考冲突的时间。你们可以考虑留出 15 分钟来讨论它。记住，真正了解别人的观点和感受是很有帮助的，而保持平和，往往比正确行事更重要。一直以来，我和伴侣之间都存在着一个看似无法解决的问题，我们对此持有不同的看法，心理咨询师也无能为力。我们计划每周抽出一段特定的时间来认真倾听并分享各自的观点、讨论下一步的行动，等时间一到，就立即停下。直到下次"茶点时间"（烦恼时间）前，都尽量不再提起这个话题。

DAY 3   第3天

你担忧的事，大多不会发生

℞

今日练习 │ 直面压力，这没什么

你足够好了，
拥有的足够多了，
做的也足够多了。

第3天 | 你担忧的事，大多不会发生

想象一头狮子在猎捕一只羚羊，一场无情的追捕在炎热的大草原上展开。羚羊吓坏了，处在战斗或逃跑模式，狂奔着逃命。狮子很兴奋，随着距离的拉近，它期待着享用这顿得来不易的晚餐，那么此时承受压力的是狮子还是羚羊呢？

答案是，两者都是。

这两只动物的神经系统都处在高度活跃状态，它们都在经历自己无法控制的生理变化。然而，它们以两种截然不同的方式经历着压力唤醒状态。羚羊陷入了威胁反应*。它充满恐惧，肾上腺素激增，血流收缩，血管变

---

* 威胁反应和下文中的挑战反应是生物体面对压力时的两种不同反应。威胁反应会引发焦虑不适，导致端粒受损，而挑战反应会导致兴奋、激动，迫不及待地想要迎难而上。

窄，以防失血过多。当体内的资源被输送到四肢时，进入大脑的氧气就会减少。它的身体变成了一台机器，只有一个目的：逃离捕食者。与此同时，狮子正处于挑战反应中。它的心脏高效地向四肢泵送着大量血液，供它跑出最快的速度，期待着即将到嘴的食物。它很专注、很有动力，似乎拥有无限的能量储备。

这是两种截然不同的生理表现，但它们面对的压力是不变的，不同之处在于个体如何应对压力——如何感知压力，进而在精神和身体上体验它。狮子和羚羊的区别是什么？羚羊感知到的是威胁，知道自己命悬一线；狮子感知到的是挑战，是下顿饭有了着落。

当然，我并不是说在现实生活中羚羊应该改变看待事情的角度，毕竟它就要被吃掉了！但通过动物世界中这个鲜活的例子，我们可以吸取教训。我们大多数人很少会真的被狮子追赶，从而遭受生命威胁，但我们的身体有时却表现得像是真有狮子在穷追不舍。很多时候，面对一天中突然出现的压力源，我们的反应就好像它是生死攸关的威胁，需要被击退或是从中逃离，而不是将它视作一顿即将到嘴的晚餐。我们的身体会迅速进入战斗或逃跑模式，将皮质醇和肾上腺素释放到血液中，使神经系统进入恐惧和警惕的状态。每次出现压力或意外事件，这种反应都会全面或是在一定程度上爆发，久而久之我们的身体就将不再知道该如何从压力中恢复正常。

你更像狮子，还是羚羊？

我们对压力的反应各不相同。为什么有些人每天饱受压力折磨，对小事反应过度，而另一些人哪怕遇到真正的威胁也抵挡得住，像是举着防护盾牌一样？

研究压力，既意味着深入了解人类大脑运转的普遍模式，同时也要着眼于个体的独特性。我们每个人都通过高度个性化的视角来看待世界，塑造这种视角的是基因、个人生活经历，以及生活中的一些小变化，比如前一天睡了多少小时、吃了什么。在事情发生后，我们会通过心理过滤器，以独特的方式感知它们[1]。

为什么对于同样的事件，每个人的反应会有不同？大脑不断地处理来自身体和环境的知觉信息，并将这些信息与过去的记忆进行比较，以便更好地预测未来。人类的大脑是一台预测机器，它使用个人的经历作为数据，甚至早期的童年经历也会影响我们对小事的反应。那些早年经历过很多磨难的人，通常会养成思维习惯，让他们始终处在黄色心理状态：无论是否发生压力事件，他们都会感到日常的压力基线水平有所升高。他们会更强烈地感觉自己的生活受到了压力事件的威胁，而并不需要太多的压力，就能把他们推向灾难性的红色心理状态。

我们的大脑更多是"以预测为导向"，而非"以现实为导向"的。这表示我们可能会对自己预测或相信要发生的事做出反应，而不是对真正在发生的事做出反应。正如米歇尔·德·蒙田所说："我的生命中存在着许多可怕的事，但大多数从不曾发生过。"然而，有一种方法可以干预这个过程。

加州大学旧金山分校的斯蒂芬妮·梅尔博士发现，童年遭受过创伤的人会夸大日常压力源的威胁，这会导致他们在后来的人生中患上抑郁症[2]。在接下来对一组类似人群的研究中，她在白天给实验对象发送信息，请他们花点时间留心自己的想法、善意接纳自己。她发现，经过短暂的内心和解，他们有了更多的"挑战性评价"*，这意味着他们认为自己可以更好地应对日常事务，并拥有更积极的情绪[3]。换句话说，当我们改变看待日

---

* 挑战性评价：一种认知评价，即将某一事件评价为挑战性、冒险性的，以兴奋而非焦虑不安的态度去面对它。

常压力源的方式，觉得它们的威胁没有那么大时，就是改变了自身的压力反应。我们可以觉得自己更像狮子，而不是羚羊。

摆脱"羚羊"模式

史蒂文一生都为柯达公司工作，他的任务是服务大客户，比如塔吉特和沃尔玛这样的大型零售商。后来，胶卷行业的生意一落千丈，数码化转型已经开始一段时间了，但2008年股市崩盘时，许多胶卷公司仍不得不大幅裁员，使自己在市场中存活。史蒂文便是被裁掉的一员。他已经60岁了，很难在事业上重新起飞，他尝试过许多路，却没有一条走得通。最后，他决定做一件他一直想做的事：竞选公职。

他考虑从政很久了，但似乎始终没有迎来合适的时机放弃那份稳定的工作。他居住在一个新英格兰地区的小镇上，现任镇长宣布不会继续连任。这似乎是一个绝佳的机会。

他知道这会带来压力，只是不清楚压力有多大。竞选过程本身就充满了争议：对手不介意使用下流的手段，且时时如此行事。就这样，每当他拿起当地报纸或浏览脸书时,都不免担心是否又会有新一轮针对他的攻击言论。他总是很紧张,眼睛来回扫视,时刻保持警惕。他告诉自己,这只是选举季的特有情况,很快就会结束。但随后事情出现了转折:他赢得了选举。

原本看似只会持续"一两个月"的特殊情况演变成了四年的任期。现在,压力源一齐出现在了他的办公室门口,也就是市民们,他们有各种抱怨和亟待解决的问题。他的电话整天响个不停。还有很多紧急情况和预算问题。他一犯错,批评就如潮水般涌来。面对选民提出的许多问题,他一时答不上来,苦思冥想之际,心里慌得厉害。史蒂文纠结不已,思考是否本可以将事情处理得更好。他开始担心:也许我并不适合这份工作。

如果有医疗专业人员在这时走进他的办公室、检查他的生命体征,就会发现他呼吸急促、心率加快,血液中的皮质醇高于正常水平。他不可能在四年的任期里一直如此,他很清楚这一点,却不知道该怎么办才好。

不受控的慢性压力会磨损端粒,加速细胞老化,让我们过早地进入"疾病期":在生命中的这段时期,我们更容易患上随衰老而来的种种疾病。慢性压力改变了我们的行为和食欲,驱使我们去吃慰藉性食物(即高糖和高脂肪的食物)。由于身体认为需要保存能量以维持生存，它会减缓新陈代谢的过程，将脂肪储存在腹内。高压力唤醒状态让我们难以睡个好觉，所以总是感觉疲惫，还会导致药物成瘾。压力状态下的大脑打开了渴求快乐和放松的通路，让人更加贪恋高热量食物，进而使胰岛素产生抗药性，并导致炎症和肥胖。

同时，我们的急性压力反应，即压力之下的短期反应，是我们拥有的一种惊人的能力。我们的身体生来就能够承受这种短暂的压力。当负面或具有挑战性的事情发生时，或者当我们预期它会发生时，身体就会经历这种迷人而猛烈的高峰反应：眨眼之间，血压升高，神经系统变得更加警惕，主要的压力激素皮质醇和肾上腺素条件反射地被释放到血液中。交感神经系统（战斗或逃跑）开启，副交感神经系统（休息和消化）关闭，共同造就了这种强烈且活跃的压力反应。这种快速而强大的生物多米诺骨牌效应帮助我们聚焦于眼下的危险情况，拥有更多的能量，并做出更迅速的反应。急性压力反应是一笔巨大的财富，我们永远也不愿意失去它，但我们需要掌握"快速关闭"它的能力。引起压力的事件一旦告终，我们就需要让这种压力反应停止。

现在先暂停一下，听一个好消息：你已经在这么做了。前两章中练习的技巧旨在帮助我们更好地调节压力反应。如果我们预期会发生意外,对可能出现的种种情况保持开放灵活的心态,那么即便意想不到的事突然出现,也不会对我们造成危害——我们不会有那种下意识的"羚羊"反应。当我们清楚地知道什么可控、什么不可控,就不会把时间花在计划那些不可测的事情上。这些策略都将帮助我们更健康、更平稳地应对压力,但关键的下一步在于能够将日常压力事件视为挑战,而不是威胁,只是这说起来容易做起来难。

你当然知道"应该"把生活中令人心烦意乱或造成压力的突发情况视为挑战,而不是威胁。然而,随着事情的发展,能否成功地做出这种心理转变就另当别论了。但我们可以利用一些特定的策略来做到这一点。首先,要把压力反应视为一种宝贵的天赋,这样我们就不会被压力本身吓到了。

压力就是力量

为了研究"威胁性压力"和"挑战性压力"之间的区别,我的同事温迪·门德斯在实验室里操控人们做出压力反应。她为他们营造了一种可以奋力迎接挑战的环境,让他们感到自己拥有掌控权,而不是不舒服且陌生的环境，从而引起实验对象情绪和生理上的威胁反应。她发现，我们越是觉得自己拥有资源和掌控能力（也就是我们所说的挑战心态），我们就越能对压力做出积极的反应。在挑战反应中，个体会感受到更积极的情绪，会有更多的血液从心脏流出（更大的心输出量），不同于我们在威胁反应中经历的血管收缩（血管变窄）。面对压力源，更多地视之为挑战而非威胁，甚至还能让端粒变长，而我们知道端粒会影响生物体的寿命和活力[4]。

许多人都认为压力反应本身是一种威胁，但科学表明，通过一些练习，我们可以控制压力反应。学会将压力反应视为一种力量，可以训练挑战心态和生理机能，让人们更好地应对压力[5]。要做到这一点其实非常简单，那就是告诉自己压力反应对我们是有好处的。

在一项经典的研究中，门德斯和她的同事告诉学生们，要相信压力反应有助于他们在重要考试中取得好成绩，结果他们的成绩确实提高了，这与考试焦虑症带来的结果正好相反[6]！斯坦福大学的艾莉雅·克拉姆博士发明了一种压力心态测量法，以帮助人们评估自身对压力的态度[7]。

你对压力的态度

在 1（完全不同意）到 10（完全同意）的范围内，对以下的每种说法进行打分。请考虑所有会制造压力的事件，而不只是有害的慢性压力。

压力是有害的	评分（1～10）	压力是有益的	评分（1～10）
应该完全避免压力		应该寻求并利用压力	
压力阻碍了我的学习和成长		压力促进了我的学习和成长	
压力耗尽了我的健康和活力		压力使我更健康、更有活力	
总分：		总分：	

她发现人们对压力的态度是可塑的：如果你告诉他们压力会带来哪些有害影响，他们的状态会变糟；但如果告诉他们压力的好处，他们往往就会表现得更好。就是这么简单。关注压力的好处时，我们所感到的压力就会减少，也会更留意积极的而不是有威胁性的暗示，并能更自信地处理问题而不是逃避问题。对压力有了积极的看法后，人们会更投入地工作，情绪更积极，生理上

的不良反应也变少了。你对自己说的话很重要！如果你在表中"有害"一栏里的分值很高，那就应该更多地关注压力带来的好处，并在处理棘手的问题之前提醒自己这些好处。

所以最重要的是，当你感到自己出现了压力反应，比如惊慌、心跳加速、手心出汗、亢奋或神经过敏时，要记住，在艰难的处境中产生压力反应是一种优势能力，而非劣势。要这样想：在艰难求生之际能开口寻求支持，其实需要莫大的力量（我们在疫情期间听到过很多这样的话）。这意味着你的身体正在压力中寻求所需的帮助，好使自己变得更加强大。对史蒂文来说，这种心理暗示有很大的助益，一旦他开始相信压力反应是为了帮助他应对新职责带来的挑战，高压带来的损害就没那么大了。他甚至能够接迎压力（"好吧，来吧！赐给我力量！"），事情过后，也能很快恢复过来。

人体天生就能迅速从压力中恢复。人类的神经系统可以在几分钟内恢复到基线水平，大多数激素可以在半小时内恢复到正常水平（炎症性细胞因子存留的时间则更长一些，因为伤口需要愈合）。迅速从急性压力中恢复过来，可谓一种理想而健康的压力反应。你已经具备了这种能力，现在所需要做的就是摆脱你自己的执念，让身体做它应该做的事。在经历了挑战而不是威胁之后，我们的身体更容易以健康的方式及时"复原"。威胁残留的生理和心理影响会一直存在，我们会反复思考并回想当时的情况；挑战则与之不同，就像攀登一座高山，我们会到达顶峰，然后从另一边下来。

我希望你在这周剩下的时间里记住以下重要的两点：

压力反应是宝贵的天赋，有助于你迎接挑战。

你能很快从压力中恢复过来，这是你身体的本能。

了解人体生物学，明白压力本身对健康并无害处，也并非一定要避免，而你天生的压力反应并不是"坏的"——这是从威胁反应转变为挑战反应的关键基础。对史蒂文而言，这能够帮助他对所经历的压力和反应方式不那么敏感。在了解了压力的作用后，他的自我批评减少了，也更能接受现状，但他需要做的还有很多。选举季是一回事，几个月的高压状态不会对人造成不可挽回的伤害，毕竟身体从压力中恢复的能力很强，但四年或更长的任期就很令人担忧了。这份工作中的压力源不会消失，所以，为了他的健康，为了能将这份工作干下去，他必须学会以不同的方式应对压力。但怎么才能做到这样的转变呢？

消除压力带来的威胁

史蒂文面临的挑战，很大一部分在于他承担了全新而陌生的职责。面对未知，在被逼无奈、勉强上阵应对之际，我们任何人都可能会陷入威胁反应模式。工作结果不尽如人意，养育子女的过程中遇到不顺心的时刻，与对你很重要的人发生争吵，凡此种种，以及更多的情况，都会让我们从根本上感到自己非常失败。

要进行调整，我们该做的第一件事就是认识到失败也是成功的一部分。逃避新的情况、将风险降到最低、避免痛苦，这么做看似比较容易。然而任何时候，只要我们想追求那些值得追求的东西，比如科学事业、政界地位、创业、为人父母，错误就将不可避免地占据这段旅程中的很大一部分。在我们的成长过程中，犯错是很常见也很普遍的事。要把失败视为平常，不要认为犯错就是灾难，也不是只有你一个人会犯错。我们知道成功人士喜欢冒险，他们把自己置于很可能会经历多次失败的境地，但放弃本该坚持不懈之事，才是唯一的失败。我们要了解错误和失败只是实现目标的一部分，意识到这一点会帮我们减少威胁反应，并将之转化为挑战反应。

威胁反应心态：

我若是失败了，就说明我不是这块料。

调整：

如果我没有失败过，那就意味着我没有向自己发起过挑战。

史蒂文意识到，在政治方面，失败是常态，而不是例外（商业、艺术、科学等领域都是如此）。他提出的大多数议题都没有取得进展，原因在于政敌的反对、预算的限制以及有决定权的选民公投票数太少。他在任期间每取得一次成功，都要经历十倍于此的失败，这是成为一位称职的城镇领导人的一部分。失败表明他正在朝着有价值的方向努力。经过这样的心态调整，他不再觉得失败对自己构成了威胁，因而能够更多地把压力视为助推器，而不是紧盯着"捕食者"，担心自己会被咬断脖子。他再也不是羚羊了！

威胁反应心态：

我永远也做不到。

调整：

我有解决这个问题的条件和能力。遇到了困

难，我可以寻求帮助。

你之所以会在工作中备受打击，原因之一在于你总会给自己暗示，而这与挑战反应所带来的积极想法完全相反，比如你不够好、你配不上这张证书、你不属于这里、你达不到要求。在极端情况下，这会演变成冒充者综合征：你害怕被发现是个冒牌货。这真的会让你脱轨，会妨碍你设定个人职业目标。冒充者综合征会导致自暴自弃、自我怀疑和自我惩罚，使你面临职业瓶颈和倦怠的风险[8]。它会导致你对失败和成功都怀有恐惧[9]。

关于冒充者综合征，有一点很奇怪，无论有多少证据证明你实际上非常成功，都丝毫无法消除你的疑虑。冒充者综合征在高成就者中很常见，甚至事业非常成功的人也是如此。大约有30%或更多的医学生、外科住院医师和主治医生有这种症状[10]。

冒充者综合征助长了将压力视作威胁的心态。那感觉就像站在摇摇晃晃的地面上，脑海中最重要的念头是自己不够熟练、经验不够丰富、这里那里不够好，不配取得成功，如此一来，你压根儿就不可能觉得自己是一头狮子。

自我对话是一种简单而强大的工具，可以放在你的应急包里：与自己对话，既可以放大我们的压力，也可以让我们直接进入更为平静的状态。

我们大多数人都有过这样的想法：我不配得到这个，我不应该在这里，我本该做得更好。无论你是在谈论工作、学业还是个人成就，这种自我对话听起来都是一样的。要对抗这种错误但普遍的自我惩罚，你可以把注意力集中在内心的指南针上：用过去的表现来评判自己，不要基于别人的表现或期望，抑或是过于严格且完美的标准。

史蒂文确实是政界新人，但他也具备在这个职位上取得成功所需的能力。他终于放下了内心喋喋不休的声音，不再告诉自己他就要暴露本来面目，告诉自己在做上一份工作时，他只关注行业所依赖的专业知识，而到了新的行业，他就不具备专业知识了。其实，史蒂文还获得了其他一些关键技能，这些技能使他非常适合担任镇长一职，而他之前一直没有注意到它们的存在，比如善于寻找共同点、学习能力强、善于沟通、善于用创新的方法解决问题。在进行艰难的沟通、公开辩论或其他高压任务的时候，他只要记住这些重要的技能，并提醒自己以前在类似的情况下取得过成功，就不会那么慌张了。

威胁反应心态：
如果我搞砸了，那一切就都完了。
调整：
我只要拼尽全力就好，其他的一切都不在我的控制之中。

有一种名叫"自发性自我抽离"的心态转变，研究人员测试了它能发挥多大的效力。许多研究中，它可以减轻个体对未来压力源的焦虑和情绪反应[11]。"自我抽离"是什么意思？当一些人对即将发生的事情备感压力时，他们会把注意力转向自身之外。他们能从"自我抽离"的旁观者角度看问题，而不是"自我沉浸"其中。他们着眼于大局，身体也会以更冷静的方式应对压力源。其中还有一条教训，如果你能将自己从正在做的重要任务中"解脱"出来，提醒自己这件事为什么是重要的、对谁是重要的，你就能感受到更多积极的挑战，减少有害的威胁。

要实现健康的"自我抽离"，最好的方法之一就是在你自己和压力事件之间留出一段时间。当然，你不能穿越时空，但你可以在思绪中来一趟时间旅行。

放眼未来，问问自己：从长远来看，这件事有多重要？一周后会对我有多大影响？一个月后呢？一年后呢？十年后呢？

有趣的是，有时我在餐桌上发泄不满，儿子就学会了拿我的问题反问我。"妈妈，"他说，"五年后这件事能有多重要？"

这向来是一种有效的调整手段，能够降低事态的重要性。事情还在那里，只是在我们的脑海或生活中不再占据那么多的空间了。当压力源变得如此巨大，开始填满你的全部思绪时，就该从长远的角度来反思了。通常，即将到来的压力事件并没有我们脑海中以为的分量那么重。我们都只有一次生命，保持健康的视角，我们就可以更多地感受到挑战而不是威胁。

威胁反应心态：
压力太大了，我讨厌这种感觉。

调整：
这太刺激了！我很享受这种感觉！

这看上去太过简单，使人难以置信，但是只要告诉自己某件事很刺激，并不会构成威胁，你就可以转向积极的压力体验。给自己灌输一些想法，从而改变自身对压力的看法，这被称为"重新评估"，其效果目前已经在 36 项研究中得到了验证[12]。有时这可以改善你自主神经系统的反应，也能减少你的情绪压力。换句话说，你对压力的积极态度可以消除你感受到的很大一部分负面压力，从而让你表现得更好。

这就像把压力看作改善生活的跳板（积极的压力心态），把身体的压力反应看作提升能力的跳板（"手心出汗，心跳加快……这对我有帮助，让我的身体很兴奋！"），或者认为自己很强大、做好了准备，而不是遭受了威胁。如果你肯投入时间，那么定期的正念练习可以帮助你将压力从威胁转变为挑战。在加州大学旧金山分校进行的一项研究中，我们发现正念训练可以促使参与者在压力源消失后继续保持较高水平的积极"挑战"情绪（如兴奋和自信的感觉），此外，这会让他们的心输出量变大、血管收缩的情况变少[13]。正念教会了人们元认知，即观察思想的能力，如此便能更容易地接受调整。

所以要清楚一点：在一定程度上，你可以塑造自己的压力反应！在工作中，你可能会感到肾上腺素激增，但在这之后，你可以选择如何解读身体的自然压力反应，并让事态向好发展。

当史蒂文坐下来，好好回顾自己将压力从威胁化为挑战的心态转变历程，他才意识到许多威胁性的压力其实都源于一个重大前提：他是带着一个不可能实现的目标上任的，而这个目标就是让每个人都快乐。以前做市场营销时，他习惯了这样做，因为那时的目标就是让客户满意。管理一个小镇则完全是另一回事，他需要从根本上调整自己对"成功"的看法：他开始相信，在执政的四年里，哪怕他只做成了一件会让小镇变得更好的事，他也会把这当成一场胜利。

最终这四年里的失败多于成功，而失败常常会带来压力，但他采取了积极的心态，把挑战视为通往成功的道路，就像一座桥，只有过了桥，才能做好他要做的事，如此一来，他就能以不同的方式应对挑战。在大多数情况下，史蒂文能够感受到工作中的动力和活力，而不是只有压力，或觉得自己备受攻击、精疲力竭。当他发现自己在红色心理状态中陷得太深时，便可以利用这些心态转换让自己回到正轨。

四年后（尽管他没有让每个人都满意），史蒂文再次当选镇长。在第二个任期内，他面临着一个新任务：不要过度认同"镇长"这个头衔。当我们想方设法成为狮子时，这是最后也可以说是最难实现的一次心态转换：不要把我们的身份和自我价值与生活中某个特定的角色或面向捆绑在一起。

不要把所有鸡蛋都放在一个篮子里

如果你是篮球迷，可能很熟悉克利夫兰骑士队的大前锋凯文·乐福。乐福是一名成就卓绝的运动员：他五次入选NBA（美国职业篮球联赛）全明星阵容，参加过奥运会，并在2016年帮助骑士队赢得了联赛总冠军。他的父亲也是NBA球员。他一生都凭借在这项运动中取得的成就而广受赞誉。我有幸在加州联邦俱乐部的广播节目中与他进行过对话，了解到了他患有的冒充者综合征和经历的"身份威胁压力"[14]。而这首先要从他的神经系统发出求救信号说起。

2017年，在主场对阵亚特兰大老鹰队的比赛中，乐福忽然恐慌症发作。这件事发生后几个月，他发布了一篇文章，描述了他在这场比赛前经历的一场彻头彻尾的压力风暴，比如与家人关系紧张、睡不好觉、担心在比赛中达不到对自己的高期望[15]。比赛一开始，他就十分吃力。他感到精疲力竭，喘不过气。他在比赛中状态不佳，不断丢球，只觉得自己的大脑昏昏沉沉。他心跳加速，最后不得不离开球场。他被送往医院，接受了一系列检查，结果发现身体状况很好。但在下一场比赛中，同样的情况又发生了。

乐福在恐慌症发作后开始接受治疗，他意识到，他所经受的巨大压力，在很大程度上根源于这样一个事实：他的身份是与他的职业和赛场表现紧密捆绑在一起的。他分享了自己的经历，希望这能帮助其他运动员，或者任何自我价值被与生活中某个特定领域的表现绑定在一起的人。他的观点是，如果你自认为是"伟大的篮球运动员"，却打了一场糟糕的比赛，你就会崩溃，而且很难从中恢复。他写道："我要是表现得不好，就会感觉自己连做人都很失败。"

一旦感到自己的人格受到攻击，我们就会进入"羚羊模式"。所以，如果你处于这种模式中，却不清楚为什么，那就花点时间问问自己：为什么这种情况会让我觉得自我意识受到了威胁？当你的核心身份受到威胁时，当你"把所有鸡蛋都放在一个篮子里"时，你需要找到应对威胁的诀窍。也许你觉得自己最有价值的地方（或者说，你相信这是别人觉得你最有价值的地方）在于有能力做个好家长、有能力获得高收入，或者总能在截止日期前出色地完成工作——不管是什么，你可能都会发现，在扮演这些角色的过程中，一般的困难和障碍对你的影响往往会更强烈、更频繁。当"你是谁"变得不再确定时，你的"地位"就受到了威胁，而你的身体也将做出反应，像是受到了攻击一样。

我们接收到的一种社会文化信息在不知不觉中影响了我们的价值观，那就是我们必须成功，必须表现出色，这样才能实现自我价值。如此一来，只要遇到挫折，我们就不免感到自己一无是处，尤其是当它们与某一结果（赶在这个日期之前、完成这个销售任务、发表这项研究……你可以自行补充）相关联的时候。那该如何解决呢？

答案在于"多样性"。

我并不是要让你揽下更多的事，而是要让你记住你做过的所有其他的事。我们每个人都不是由一件事决定的。正如乐福所说："你的工作并不一定能定义你是谁。"

提醒自己有哪些事是你关心的，除了那个岌岌可危的角色，你在生活中还扮演了哪些角色？在第二个和第三个镇长任期内，史蒂文就是这样把自己从慢性压力的恶性循环中解救出来的。有太多人把他的身份和"镇长"的头衔绑定在一起，认为这就是他们重视和尊重他的原因。当他也这样看待自己时，总觉得一旦失去了那个头衔，后果就将是毁灭性的。因此，一旦工作中出现了可能会影响到未来选举结果的重大挑战，史蒂文便会历数自己在人生中其他方面的成就，用这样的方法来管理压力。他是一位出色的父亲，对妻子疼爱有加；他是一名活跃的社区成员，在几个董事会和志愿者组织中做出过贡献；他是一个孝顺的儿子，为年迈的父母求医问药，管理他们的财务。他的身份，以及他对整个世界的价值体现在很多方面，不能仅凭某一方面的成败来评价他。

一个有效的策略是通过"肯定自己的价值"来重新校准内心的指南针，并记住你做过的所有事。有些人觉得自我肯定（也就是对自己的积极评价）纯属陈词滥调，一点意义也没有，还觉得这样做很难为情。我明白他们为什么会这样想，他们的反应让我想起了斯图尔特·斯莫利，他是《周六夜现场》喜剧小品中的一个角色，每周都会说："我够好了，我够聪明了，去他的，人人都喜欢我！"但这并不是我想说的那种自我肯定。科学表明，当你写下推动你生活的核心价值，并写出你在目前生活中实现这些价值的所有方式时，这种自我肯定会发挥巨大的效力。这么做，比对自己做出一般的积极评价要有效得多。(对不起,斯图尔特!)当我们感到完整的人格和自我受到了威胁,就可以重温这些核心价值,告诉自己你正在朝着最在意的目标努力,借此来减轻压力[16]。

这方面的研究令人兴奋:"价值肯定"有助于提高学生的成绩,尤其是黑人学生和拉美裔学生,甚至可以提高住院医生的表现[17],因为这么做可以抑制压力激素,如皮质醇和儿茶酚胺的分泌。卡内基-梅隆大学的大卫·克雷斯韦尔博士考察了"价值肯定"的作用:研究人员让患有乳腺癌的女性写下自己的抗癌经历,每周一次,持续三周,然后对她们所写的内容进行分析,寻找其中包含"自我肯定"的部分,例如:"我做的祈祷比以往任何时候都多。祈祷一直带给我力量。"所写内容中,包含较多自我肯定的人,在三个月后的健康状况更好[18]。然后,克雷斯韦尔博士想要测试大脑是否可以"看到"这些肯定,他发现"价值肯定"激活了大脑中的奖励区域(腹内侧前额叶皮层),与性爱或快乐的记忆所造成的效果一样。通过反复练习,以自我肯定的方式思考,可以使你免受威胁反应的影响[19]。

现在试试这个!从下面的列表中选择你的核心价值或个人优势,并认真思考它们为什么对你很重要,以及你是如何展现它们的。

我的核心价值

选择三件生活中你看重的事,并想象如何实践它们:

- 创意／艺术／音乐
- 社区／人际关系
- 成为出色的朋友或家庭成员
- 获取知识／好奇心
- 帮助他人／社会正义／公平
- 诚实／正直／道德原则
- 勇气／勇敢
- 善良／慷慨／同情
- 自然／环境／可持续性
- 灵性／宗教

有了可以帮你寻找到价值和成就感的坚实基础,你就更能在生理上对压力做出挑战反应,并更快地从压力中恢复过来。这种从多元身份看待自己的能力,是抗压能力的重要组成部分:有了这种自我认识,威胁你某一部分生活的事就再也不能威胁到你生活的全部了。

在带领大家进行压力管理和静修期间，我会指导学员们感受这种"身份多样性"，真正扩大自我意识，将一切都融入其中。我们不希望自我价值只取决于某一小块馅饼，而是希望每天都能看到整个馅饼。

这不仅关乎你做了什么、看重什么，其实，只要做你自己就足够了。这个社会灌输给我们的信息是，我们的价值只来自成就，但是必须记住并相信的一点是，我们天生的、内在的价值始终存在，只需提醒自己拥有广泛而多元的身份。在静修中，我们要求学员们不断重复这样一句话："我足够好了。"当生活中的某个领域出现了问题，看起来像是攻击、侵犯或威胁时，就对自己说这句话。这短短一句话表明你很清楚自己拥有很多，无论发生了什么，你都很有价值、很重要。

我足够好了，我拥有的足够多了，我做的也足够多了。

考虑到我们生活中遇到的种种明显和隐形的性别歧视，我见过的每一项研究，其结果都表明女性尤其容易形成更消极的自我看法，对压力的评价更苛刻，平均压力水平也更高。每一个被社会边缘化的人都面临着同样的挑战，因为他们把耻辱和有害的信息藏在了心底。所以，反思我们对自己所说的话尤为重要。自我批评的声音有时非常响亮，还会频繁地出现，以至于你不会注意到它，默默地接受了它的存在。喜剧演员蒂娜·菲在即兴表演俱乐部出道，成名于《周六夜现场》，她经常逗得我哈哈大笑。她的一句话深深地触动了我："蒂娜·菲总是带给我惊喜，而我正是蒂娜·菲。"

我请每一位静修者重复这句话，换上他们自己的名字。刚开始这肯定会让人非常别扭，但试试看效果如何吧。你们每个人一生中都经历了无数的苦难、损失和拒绝，但你们仍然在这里，努力做到最好，努力做得更好。再重复一遍这句话。你相不相信它呢？

我研习班上的一位学员凯西·卡普莱纳说（我想她有些开玩笑的意味），她打算竖起一块巨大的广告牌，上面用大写字母写着"你已经足够好了"。不是广告，不是网站宣传，不是要卖东西，她只想让人们读到这句话，知道有人足够关心他们，甚至愿意为此买下一块广告牌，留下这条信息，帮他们克服那种普遍存在的"认为自己不够好"的心态，正是这种心态迫使我们去做更多，去取得更多的成就、赚更多的钱，不断提升自己，以感觉自己有价值。

我告诉凯西这是个好主意，但我担心人们理解不了她的用意。那是一年前的事了。现在她在洛杉矶和硅谷立起了 15 块广告牌。有人告诉她，他们看到了广告牌，把上面的信息抄下来，然后找到她，告诉她这句话的影响力有多大，尤其是那些患有抑郁症和有自杀倾向的人。有很多人尝试联系她，告诉她是这句话给他们带来了救赎。她目前正在与一些组织合作，这些组织希望赞助她设立更多写有鼓励标语的广告牌。凯西自己也在与焦虑和抑郁斗争，"你已经足够好了"，这句话确实帮到了她。

"我想给大家一个拥抱。"她说，"现在大家和我一起做着同样的事，我们发起了一项名为'意义'的活动，旨在设立更多的广告牌[20]。"她希望至少在每个州都设立一块。

当核心自我价值感得到认同或拥有更多元的面向时，你就不会那么容易受到压力的威胁。你可能会视压力为挑战……而这正是我们希望看到的结果。

今日练习

直面压力，这没什么

花点时间，设想一件即将发生的、会让你感到压力的事。可能是重要的会议、演讲或工作项目。也可能是普通的日常琐事，比如交通拥堵、参加社交活动，或与人争吵。想想它为什么会给你造成压力，其中利害攸关的事情是什么。现在，一边思考这件事，一边做下面的练习：

创造压力防护盾

你可以创造一面压力防护盾，阻止威胁性的压力进入你的细胞。下面，我们将重点讨论如何利用你所掌握的资源，应对这个特殊的压力事件，并创造防护盾。

在下页的横线上，写下三个或更多的原因，说明你已经做好了面对这件事的准备，比如你拥有某种技能、资源或其他人的支持，或者有过成功应对这种事情的经历。列出几条你能应对这种局面的原因。你不确定能否相信它们？好吧，那就相信一点：想法本身便拥有影响事态发展的能力。相信自己和自己的能力，以这样的心态来处理压力事件：我具有完成这件事所需要的一切条件。

压力防护盾：我之所以能做到，是因为……

在写下这些"后盾"条件后，尽可能生动地想象自己正处于那让你备感压力的情境之中。把你写下的文字记在心里，想象你尽最大努力所争取到的积极结果。

【附加分】

从宏观多元的视角定义自己：想想即将到来的压力事件，提醒自己那些你所拥有的、与此事无关的核心价值（详见第98页"我的核心价值"）。你的多元身份可以抑制这种特殊情况带来的威胁感。

从时间中抽离：从未来的角度看待这件事（哪怕它尚未发生！）。这件事在一年后会对你有多大的影响？五年后呢？十年后呢？大多数情况下，答案是它一年后很可能不会对我们的生活有任何影响。然而凡事都有例外，虽然赌注确实很高，但也要提醒自己：我们只能尽力而为，不要再强行掌控其他的事。

【疑难解答】

· 当威胁性的压力难以摆脱……

使用话语暗示、视角转换和价值肯定，有助于减少我们脑中的思维反刍，可以帮助我们解决问题。这些练习可以让我们感到平静，在事件发生前减少额外的皮质醇分泌，免受常见的预期压力干扰，促使我们专注于当下，在必要时成为

"狮子"。但有时我们的身体并不配合，于是焦虑、恐慌、心跳加速全面爆发，那该怎么办呢？现在，就试试下面这些策略吧：

利用身体的能量！ 压力来袭时，你身体的反应——变得神经质、肾上腺素激增、大脑嗡嗡作响、心率加快等等就可以成为一笔宝贵的财富，助你充满活力和力量，尤其是如果你自己也这样换位思考的话。当身体产生挑战反应时，想象一下它做了什么：向心脏和大脑输送更多的血液和氧气，通过制造额外的葡萄糖来增加能量。这是在建立一种具有创造性能量的积极心态。它为你创造了条件，让你集中精力，做成功所需的事。这是一种不断再生的能量，不会叫人精疲力竭。提醒自己：这种压力是强大的能量资源，会帮助我做得更好。我的身体很兴奋！你可以告诉自己这句话，也可以从本章中选择其他的挑战性话语暗示，或者自己写一句，比如：我正在成为一头"狮子"。

从"为什么是我？"转变为"有本事就来吧！"。 我们在第1天的练习中就着手解决过这个问题，但正如先前说过的，我们永远也不可能不去预测。但愿我们能更好地意识到自己过度依赖于预期，就此放手，当事情不像预期的那样发展时，我们也就不会经历威胁反应。但如果威胁反应真的出现了，那就尝试改变心态。如果你觉得自己是个受害者（"为什么是我？"），那就试着这样想："有本事就来吧！"想想你成功渡过的所有难关，这些经验和来之不易的智慧都潜藏在你的身上。对于压力的不同心态影响了你对现实的态度和体验，也包括你对压力事件的生理反应。可以用这样的心态来应对这种情况："老天，你还能怎么对付我？"看看这会带来什么不同的感觉。

| DAY 4 | 第 4 天 |

压力越"大",越"兴奋"

℞

今日练习 | 给自己施加健康的压力

让身体

体验"积极"压力，

得到更好的释放。

第 4 天 | **压力越"大",越"兴奋"**

埃维·庞波拉斯曾经是一名特勤局特工,从事这份工作,必须随时做好挨枪子儿的准备。生活中充满了不确定,抗压能力的重要性不言而喻。庞波拉斯身高 5 英尺 3 英寸(约 1.6 米),一头金发梳成马尾辫,画着精致上挑的眼线。你可不要小瞧她!她保护过总爱在人群中闲逛的比尔·克林顿,也曾在埃及熙攘的人潮中确保小布什安全无虞。巴拉克·奥巴马在世界各地访问时,也是她一路随行。2001 年 9 月 11 日,她在纽约世贸中心恐怖袭击事件中表现杰出,赢得了美国特勤局的英勇勋章。现在的她是一位社交名人,发表了许多关于抗压能力的演讲,在网络上备受追捧。关于如何应对压力,她又有什么建议呢?接受并适应它。不要与你无法控制的环境做斗争。接受现实,快速适应,解决问题。

这是个好建议,但说起来容易做起来难!我们要怎么提高抗压能力,以便在压力真正到来时做好准备呢?庞波拉斯最喜欢的训练方法竟然出人意料地简单:洗冷水澡。

这有什么用呢?庞波拉斯表示,她选择洗冷水澡是因为她怕冷。她不喜欢寒冷,发现自己抗拒这种感受,但她不想因为厌恶或害怕难受而退缩。于是她开始每天洗冷水澡,以此训练自己的大脑和身体接受寒冷。然后,她发觉自己变得更加强壮了。

科学研究证明事实的确如此:在冷水的冲洗中,庞波拉斯将身体暴露在一个可控的、较小的压力源下。交感神经系统被激活,随后又恢复原状。我们认为,这种压力水平在短时间内飙升到峰值而后又恢复原状的过程,是提高抗压能力的关键。

到目前为止,我们关注的重点是如何应对压力源,以及如何更好地控制压力反应。但从很大程度上说,抗压能力需要我们提前练习。压力强度不大时,我们可以练习控制压力反应。为了训练抗压能力,我们可以提高压力强度,那就意味着需要故意给身体施加压力。

这里指的并不是长期的心理压力,而是短期内密集的高强度压力，那种你可以很快从中恢复过来的压力，比如短时间的运动或者跳进冷水中游泳。事实证明，与长期处在负面压力下的后果相反，可控的积极压力对身体有益：这种压力不仅不会慢慢地消耗体内细胞，反而会促进细胞再生，提高细胞的质量。这种压力又名"激效压力"。我们都应该了解这个概念，从而利用其中的原理做一些对自己有益的事。

"激效"意指低剂量对生物体有益、高剂量对生物体有害的东西。比较一下这两种情况：一整天不停地喝咖啡和一天只喝一杯浓缩咖啡。一整天不停地喝咖啡并不健康，你可能会因此感到焦虑和不安，但只喝一杯浓缩咖啡却对身心都有好处。压力也是如此。你当然不希望整天都背负着压力，但你确实需要短时内的高强度压力，促使身体启动有益于细胞的恢复过程，提高抗压能力，更好地应对未来的情况。

激效压力：细胞的清洁工

激效压力（也被称为"毒物兴奋效应"，它还有一个更好听的名字，"积极压力"）产生时，会出现下面这种情况：相较于面对长期存在的压力源，当我们遇到短期可控的压力源时,身体会产生不同的反应。在神经系统中,我们需要设置一个有效的开关来应对压力。交感神经和副交感神经是交替工作的,所以,当交感神经的活跃程度达到顶峰后,副交感神经系统开始工作,抑制压力反应(又称"迷走神经反弹")。正是这种反调节*的压力反应帮助我们回到平稳状态,身心不仅恢复如初,还能焕然一新。想象一下,刚刚冲完冷水澡的你拿起一条温暖干燥的浴巾裹住身体——这就是压力与恢复。这种感觉非常舒爽,也对细胞有益。

激效压力有利于细胞的修复和新生[1]。我们需要剧烈的压力反应来刺激抗衰老机制发挥作用,为细胞按下"自动清洁"的按钮。适度的压力会引发激效反应,促进细胞自噬,也就是细胞自动降解白天新陈代谢过程中残留的物质,将其循环利用。以蠕虫为例:蠕虫受热后,体内会产生热休克蛋白,引发细胞自噬,然后……它们的寿命会得以延长!实际上,轻度受热的蠕虫寿命比普通蠕虫更长[2],但是如果受热太久,虫子必死无疑。所以,压力要适当控制。

---

* 反调节:生物体内某种调节机制对另一种调节机制产生反作用,以维持生物体的稳态。——译者注

这和疫苗的原理相似：提前接受微量的"病毒"（压力），日后遇到类似但更为强烈的压力源时，你就会像接打过预防针一样有了抵抗能力。身体代谢压力的过程和免疫系统识别并对抗病毒的过程相同。当你遇到压力时，你的身体会说，嘿，我以前见过这种情况，我知道怎么处理。

现在，我们已经知道短期的压力可以提高机体的抗压能力。早年经历过一些挫折的人抗打击能力往往更强。当然，还有很多其他的影响因素，如果童年时遇到的挫折是长期存在的，比如生活不稳定、贫穷和被虐待，就会对健康产生负面的影响。科学家正在研究人们童年的不良经历对成年后健康的影响，以及如何采取相应的政策或医疗保障措施，来有效预防和缓解童年时期的有害压力对个体的长期影响。因此，本章所讨论的激效压力并不包括不顺利的境遇，而是指短期可控的压力，即少量、反复出现的压力，那种可以促进大脑和身体代谢负能量并恢复平稳状态的压力。

什么是有益的压力？如何获取它？

你的身体喜欢强烈的压力。经历高峰后回归平稳，副交感神经系统接替交感神经系统运作，刺激细胞自噬和修复，这一连串的反应对身体有益。实际上，我们需要这种过程。就像房子需要定期清洁一样，细胞也需要定期清理，在高压的作用下，细胞会启动自噬机制。没错，我们需要休息和放松，但我们也需要积极的压力，二者都必不可少。尤其是随着年龄的增长，人体在休息时，迷走神经张力降低，会导致自主神经压力反应迟缓：神经系统分支中的开关反应减少[3]。这让积极压力变得尤为重要。

只要不断地给自己施加"少量的"高强度压力，我们就可以利用机体的自然原理提高抗压能力。我们知道这是有益的：它对身体有好处，能帮我们应对未来的压力。在对小鼠和蠕虫等有机体的研究中，我们发现少量的激效压力有延长寿命的作用。

当然，蠕虫和人类在生物学上还是有区别的。因此，我们在研究压力的过程中，主要的任务之一就是探索人体产生激效压力反应的机制。

"积极压力理论"已经存在一段时间了。事实上，早在1998年，我作为科研人员发表的第一篇论文就讨论了压力带来的积极反应[4]。早期对于激效压力的研究主要基于单个细胞或动物，研究人员经常使用非自然的压力源，如休克、紫外线或化学物质，这些有损健康的压力源不会应用在人类身上，但是有一种方法可以在保障安全的基础上让机体产生积极的激效压力反应，那就是运动。

在实验室的研究中，我们发现还存在交叉抵抗压力的可能：遭遇某一种压力（如紫外线）的细胞同时具备抵抗另一种压力的能力。细胞改变了内部机制，以应付各种情况。细胞清除自由基*的速度更快了。换句话说，只要承受过某一种压力，细胞就具备了抵抗一切压力的能力！

现在，让我们看看这是否适用于人类：如果你通过有氧运动给自己的身体施加压力，这能让你更好地应对心理压力吗？你的细胞会变得更年轻吗？

不少研究者将经常健身的人与久坐的人进行比较，结果发现，承受高压时，经常健身的人没有那么焦虑，心率也较低[5]。这个结论令人兴奋。但是，对于不常健身的人来说，体育锻炼能够帮助他们提高抗压能力吗？来自亚利桑那州立大学的缇娜·特斯塔迪尔博士让经常久坐的人接受为期8周的训练，并将他们与年龄相

---

* 自由基：机体氧化反应中产生的有害化合物，会损害细胞，引发慢性疾病和衰老。

仿的对照组进行比较[6]。8周的训练结束后,她让实验对象处于氧化压力之下(勒紧血压计袖带,重复操作直至局部贫血),结果表明,这些实验对象的氧化压力反应较弱。这意味着什么呢?运动是有效的,他们的抗压能力提高了。

不列颠哥伦比亚大学的伊莱·普特曼博士是研究运动的专家,我们两人经常合作。他的实验对象是这样一群人:他们要全职照顾患有痴呆症的另一半。这个群体长期生活在巨大的压力之下,没有太多锻炼的时间[7]。普特曼博士为他们安排了一位教练,督促他们每周锻炼三次,每次45分钟。6个月后,他们表示自己的抗压能力提高了[8](每天感受到的压力减少了,发呆和抑郁的次数也减少了,他们认为自己能够更好地掌控和安排生活)。不仅如此,研究人员还抽取了他们的血液,进行细胞检测,发现端粒变长了[9]。运动给细胞罩上了一层保护盾,削弱了生活中长期存在的压力对机体的影响。

制造适量的压力

长期不锻炼的人(典型的例子包括照护患病亲属的人和抑郁症患者)应该慢慢开始某项运动,如瑜伽或散步，然后逐渐增加运动量，比如选择可以提高心率的有氧运动。对于大多数人来说，我们的目标是提高抗压能力，对于那些因为时间紧迫、经济拮据，或承担太多责任而备感压力的人来说也是如此。于是，我们开始研究一种名为"高强度间歇训练"的短期燃脂运动。

高强度间歇训练指的是在短时间内提高心率并燃烧更多热量，然后进行短暂休息的运动。关键在于让心率迅速提升到最高值的80%，然后适当地休息，这样你就可以在短时间（大约10分钟）内保持这种状态。现在，间歇训练法也不是什么新鲜事物了，运动员，尤其是赛跑运动员已经采用这种训练方式长达一个世纪之久。但是，研究人员近期发现，从时间投入成本和健康效益的角度来看，高强度间歇训练可能是性价比最高的抗压训练。

新冠疫情期间，我整天待在家里。实在没办法外出运动，我在互动健身平台上买了一台动感单车。我想我可以做一个小小的研究，看看高强度间歇训练的效果如何。我在平台上随机选择了一位之前从未听说过名字的女教练，罗比·阿尔松，然后跳上了单车，准备尝试一下。我跟着她的指示练了不到5分钟，就被惊掉了下巴：她竟然用了和我描述激效压力时相似的语言！她鼓励人的话术充斥着"将压力视为挑战"的语言暗示,比如:"习惯这种并不舒服的感觉,努力把这种感觉推至极限,你会变得更加强壮。"

这些与抗压能力相关的表达深深触动了我。我变成了她的粉丝,并且真的开始期待健身效果,哪怕过程很痛苦。虽然我觉得她更像一位心理学家,但实际上她曾是一位律师,后来辞了职,成了健身教练。除我之外,还有5万名来自世界各地的健身者在观看她的视频。显然,我不是唯一一个沉迷于这种磨炼心性的运动的人。

令人兴奋的是,高强度间歇训练也许可以成为一种提高抗压能力的训练方法。它不需要投入太多的时间或金钱,人人都可以在家练习,随时都可以开始,你只需要动起来,就可以提高抗压能力,同时你体内的"细胞清洁工"也会开始工作。一直以来,我们只知道通过运动来制造激效压力。在无数严格的双盲测试后,我们得出结论:运动的确可以制造积极压力,长远来看,这有益于健康。我在美国国立卫生研究院用两天的时间与顶尖科学家们一起研究如何才能最大限度地提高和发挥抗压能力,大家达成的唯一共识就是——运动。会议结束后,我的心情很复杂。一方面,运动得到了科学家们的一致认可,这让我很欣慰;另一方面,这么多年过去了，我们还是只知道这一种办法，简直叫人难以置信。回到实验室后，我不禁问自己，就这样吗？只有运动这一种方式吗？

高强度间歇训练是一种切实可行的方法：把运动的"剂量"降到最低，人们就更容易坚持下去。但不是每个人都能适应它。我一直在寻找其他能够在人体内制造健康但强烈的压力的方法，一种不用运动也可以提高抗压能力的方法。我一直在思考这个问题，从1998年发表第一篇关于抗压能力的论文起一直到现在！

就在那时，我遇到了"冰人"。

来自"冰人"的一课

当水疗行业协会邀请我参加2017年的全球健康峰会时，我差一点就拒绝了。在我的印象中，这是"保健行业"的业内活动，而我是个外行，做不出什么贡献。那时的我忙于实验室的工作，根本没有出差的打算，但我还是去了。登上飞机后我就后悔了。我对这个领域一点也不熟悉——我更适合参加关于贫困、创伤和健康差异的研讨会。我应该把时间花在这儿吗？后来，我停止了这种想法并提醒自己，任何一场会议中都会产生一些有价值的东西，我应该把它当作一次冒险。我闭上眼睛，试着换个心境，想一想我可能从中看到和学到什么，或者我可能会遇到谁。

我来到会议现场，为演讲做准备。马上就要轮到我上场了，我本打算在脑子里再过一遍发言的内容，但是我前面的那位演讲者一上台就吸引了我的注意力。他看起来有点像穴居人：身材高大、结实，皮肤黝黑，蓄着银白色的大胡子，穿着短裤和普通的T恤。宴会厅里的其他人都穿着西装、打着领带。他与这里格格不入，简直像个怪人。这反倒引起了我的兴趣。

他名叫维姆·霍夫，绰号"冰人"。他经常在低温环境中进行特技般的极限挑战，因此有了这个外号。比如他会只穿一条短裤在珠穆朗玛峰上走一段山路，赤脚在极地跑马拉松，在冰水里浸泡几个小时。他人生中的大部分时间都在测试身体耐寒的极限，而且，让我很感兴趣的是，他提到了长时间暴露在低温环境中可以提高抗压能力。

他说自己从十几岁起就"被冰雪所吸引"，一到冬天，他就扎进冰冷的湖水里，竟莫名地感到精力充沛。成年后，他的生活并不顺遂。妻子突然自杀，他一下子变成了要养活四个孩子的单亲父亲，经济也十分拮据。

他应对这种情况的方法之一就是让自己的心理变得强大起来——深入大自然，让自己暴露在低温环境，乃至极度的寒冷之中——浸泡在冰冷的水里。"我的孩子们拯救了我。"他说，"寒冷治愈了我。"

虽然这听上去像是一种比喻，但从他的人生经历来看，这一点也不夸张。多年来，霍夫一直是科学家们研究的对象：他证明了思维可以摆脱自主神经系统的控制。研究人员对霍夫的能力非常感兴趣，我们一直认为自主神经系统反应就和炎症反应相似，不是你能够自发控制的。我们很容易把霍夫的情况当成偶发事件：也许只是因为这个家伙的神经系统和其他人不一样。但是后来，科学家们研究了霍夫的方法（冷应激、极限呼吸），测试这样做是否真的如他所说可以提高人的抗压能力，而事实证明……的确如此。

荷兰（霍夫的祖国）的科学家马修·考克斯和彼得·皮克斯给霍夫注射了内毒素（菌体中的毒性物质），目的是观察他的免疫反应。为了让身体做出健康的压力反应，霍夫事先进行了呼吸练习。与注射了同种内毒素的人相比，霍夫的促炎反应*明显更轻[10]。然后，

---

* 促炎反应：促进炎症的反应。过度或长期的促炎反应会导致炎症类疾病出现和发展。——译者注

研究人员挑选了10名健康的年轻男性，让他们在4天内接受冷应激实验和呼吸技巧训练。他们的反应和霍夫相同：注射内毒素后，炎症反应减轻[11]。他们在很短的时间内就成功改变了体内的自主神经反应（炎症反应、免疫反应、压力反应）。所以，你并不需要拥有异于常人的神经系统才能穿T恤在珠峰上行走——通过训练，任何人都可以做到。这正是我多年来一直在寻找的答案，现在终于找到了。霍夫的方法可以制造激效压力、锻炼抗压能力吗？

演讲结束后，我和霍夫进行了交流。他介绍了自己的培训课程：指导人们进行呼吸和冷应激训练。还有一对夫妇加入了我们的谈话。这对夫妇最近成立了一个基金会，专门研究运动和其他（非药物）综合疗法对心理健康的影响。他们对我们的话题非常感兴趣，表示愿意立刻提供资助，供我们研究维姆·霍夫呼吸法对心理健康的影响。

在返程的飞机上，我不由得感到庆幸。幸好我参加了这次峰会，幸好我遵从了好奇心的驱使，踏上了充满不确定性的旅程，最后竟结识了对我的研究颇有助益的伙伴。回报是，我和我的同事，来自加州大学旧金山分校的温迪·门德斯和艾瑞克·普拉瑟能够自由地进行严谨的科学研究了，特别是针对积极压力的测试模型。研究中，我们分析了实验对象的血液成分并评估了各项数据。从对心理健康影响的角度看，为期三周的维姆·霍夫呼吸法训练和有氧运动的效果相差无几，二者都可以减轻压力和抑郁；令人吃惊的是，这些给身体施加短暂压力的手段，即控制呼吸或将身体暴露在低温环境中，其结果和运动一样，都能大大改善情绪状态。充分的研究表明，激效压力不仅不会对人体造成危害，还可以改善情绪。此外，维姆·霍夫呼吸法在培养积极情绪方面表现优越，经过练习的人能明显感觉到更多的积极情绪。

维姆·霍夫可能是最擅长在冰水里浸泡几个小时或者穿着短裤攀爬乞力马扎罗山的人，但很多普通人尝试过他的方法后也表示非常有效。其实早在霍夫之前，就有很多流传已久的类似方法，比如暴露在寒冷或高温之中，以及训练呼吸吐纳。人人都可以通过反复施加强压的练习来促进身体健康，提高抗压能力。我们都可以给身体"注入"激效压力。你不需要花费大量的时间和精力，就可以获得丰厚的回报。

压力练习让林恩·布里克获益匪浅，现在，这项练习已经成为她日常生活的一部分。几年前，她是一名外科护士。她接手的病人情况都非常危急：进入休克创伤病房的病人都遭受了多系统损伤，比如头部创伤、脊髓损伤、骨折，或脾破裂。救治病人已经让她抽不开身，和病人家属的沟通更是让她心力交瘁，更不用说她还要顶着巨大的压力和医生及其他护士周旋。肾上腺素一路飙升，这既有好处，也有坏处。

好处是：她每天从早到晚地救治遭受了创伤的患者，一切都是值得的。

坏处是：她要一直不间断地做出高风险的决策（分析、诊断、计划、实施、评估），这给她带来了巨大的精神压力。同时，她每天要站立 8～12 个小时，有的时候甚至没有时间休息或上厕所，她的身体因此也承受着巨大的压力。还有，尽管她竭尽全力挽救着患者的生命，但总有无力回天的时候，病人的离世会给她沉痛的打击。这些压力让她不堪重负，严重影响她的身心健康。

为了调整状态，林恩开始运动，比如打网球、骑自行车、打棒球。这种方式见效很快，她感到压力减轻了，生活和工作都有了改善。她说她突然感受到了运动的医学功效。

"我每天的工作强度很大，非常辛苦，运动让我得到了解脱。"她如是说，"运动让我在每天的生活中找到能量和快乐。现在的我更加包容平和，无论是对家人，还是对自己。"

运动的收获太多了，林恩甚至决定成为一名专业的健身教练。经过学习，她最终成为一名训练有素的专业教练，并为其他想成为有氧运动教练的人提供培训，她的学生不仅限于当地，而是遍布全国乃至全球。她和伴侣维克多把健身当成了终身事业，他们开设了多家健身房。后来，她将热应激（红外线桑拿）、冷应激（浸泡在她家附近的海水中）与深度放松技巧（如缓慢呼吸）结合起来。你会觉得有时候很难挤出空隙来运动吗？当然。但正如林恩所说："我知道如果我想继续帮助别人，我首先要帮助自己。我要先开始行动，每天留出一些时间锻炼身体。"

生活中，林恩和维克多共同经历了巨大的精神创伤，比如他们的一位家人因精神疾病离世。她说，运动影响了她生活的方方面面，尤其提高了她承受压力的能力。

有目的地给身体施加压力

现在，我们已经有了一定的了解：可以通过运动或任何肢体活动来给身体施加激效压力。这种方法永远有效。同时，我们也知道，短期间歇的身体活动，比如高强度间歇训练，也可以达到相同的目的。

重要的不是你具体做了什么，或者你做了多久。你不需要锻炼一个小时。你只需要给身体施加足够的压力，让它"开启"恢复过程。我们的目的是让副交感神经逐渐活跃起来，激活迷走神经，让细胞开始自动修复再生。就像维姆·霍夫一直做的那样，利用压力激发体内细胞的天然恢复能力，你也可以让自己"冻"上几分钟，或者在专家的指导下尝试让身体经历缺氧状态，从而获得类似的效果。（但不要做得太过火！）

在缺氧状态下呼吸的原理是这样的：它其实是一种周期性的强力呼吸，你深深地、大口地快速吸气，然后慢慢地呼气……但这还不是全部；重点是要循环重复，一直快速吸气、慢慢呼气。霍夫在油管上发布了这种呼吸法的训练教程。有的人会在过程中有轻微缺氧的感觉，有的人会感到头晕、体温升高，甚至身心愉悦。大约30到50次的强力呼吸后，在不让自己眩晕的前提下，尽可能长时间地屏住呼吸，先试着坚持30秒。随着练习的深入，有的人坚持的时间越来越长，甚至长达两分钟。你大约需要做三组：练习在缺氧状态下呼吸，然后屏住气。就是这样。这么做是为了让身体达到缺氧的状态，不让足够的氧气进入身体组织。

实验中，考克斯博士和皮克斯博士在实验对象达到缺氧状态时抽取了他们的血液，检测肾上腺素上升的情况，这是缺氧压力反应的表现之一。你的身体在说，我快要不能呼吸了，马上就要出现压力反应了！肾上腺素升得越高，后期的抗炎反应效果就越理想。换句话说，对身体有益的"更新和修复"与压力的强度相关。洗冷水澡的原理基本上与此相同：身体系统受到刺激，感受到强烈的压力，并在压力源的影响下逐渐"恢复原状"。这个过程对健康有益。自考克斯博士和皮克斯博士完成第一项相关研究以来，已经陆续有其他科学家肯定了维姆·霍夫呼吸法的益处。一项小型研究发现，对于患有感染性关节炎的人来说，这种方法也许可以降低他们血液中的炎症水平[12]。

尝试练习维姆·霍夫呼吸法后，我很快就感到了变化。我觉得自己像一汪平静的湖水——不会被激怒。我感到精力充沛、心情舒畅。随着时间的推移，我觉得那些曾经让我焦头烂额的压力现在对我的影响越来越小。通过利用激效压力，我们可以减轻压力感，把压力控制在一定的范围内。我们对压力的态度也会有所改变，会感到更加兴奋而不是受到了威胁。对我来说，比起学习系统的理论，身体训练能更有效地让我紧绷的神经和肌肉放松。换句话说，我们总是在脑海中思考如何摆脱压力，但实际上，人体就可以代谢压力，我们应该学会利用机体的自然原理。如果你觉得体内积压了无数压力，那就再给自己施加"少量"的压力，这样才能把大部分的压力代谢出体外。用低温和高温的环境刺激它，用呼吸法把它排出。改变压力的物理属性，让它以一种有效、健康、有益的方式在你的身体里流动。

简而言之，你可以让身体经历任何积极的压力（在确保安全的情况下），从而训练抗压能力。除运动外，大多有关积极压力的练习尚未被充分研究。本章简要介绍了什么是激效压力，以便各位读者有针对性地进行练习。我们知道，给蠕虫反复施加适量的压力，可以提高其细胞的质量，延长它们的寿命。同理，给人体反复施加短期的压力有助于提高抗压能力。但这是一个全新的科学领域，尚且存在许多亟待研究的问题，比如什么样的压力源才是健康的，多少剂量的压力是最有效的，多少剂量的压力又会产生危害，等等。高强度间歇训练是一种十分有效的训练方法，不仅能让人获得更好的体验，还能真正改善神经系统反应和免疫系统，促进大脑和身体中的生长因子，帮助人们尽快从压力中恢复过来。

我们不能一直处在低压力状态，人类的身体天生不能适应持续的黄色心理状态。我们的身体应该经历急性压力的红色心理状态，然后恢复到平稳的绿色状态，进行放松。如果不有意识地让身体体验积极压力（哪怕它停留的时间很短），我们就无法从压力中恢复。

这就是我们今天要做的练习。

> 今日练习

给自己施加健康的压力

为了训练身体更好地代谢压力,我们需要给它施加"适量"的积极激效压力。这样,当真正的压力来临时,身体将出于本能对抗外界的刺激。今天,我们要训练身体快速地对压力做出反应,然后通过副交感神经活动和细胞清理机制,迅速恢复到平稳状态。如果你想尝试这项练习,那么最好选择在早上进行,也就是昼夜节律周期需要你活动起来(皮质醇升高、血糖升高)的时候。

"适应压力"意味着你每周都需要给身体施加若干次短期压力。我们有几种向身体施加积极压力的方式,每一种都会让身体产生健康的压力反应。最好的办法是让自己产生一点点不适感,不管是通过短暂的剧烈运动还是冷应激。维姆·霍夫呼吸法也非常有效,但它需要练习,还可能会导致头晕。你尽可以尝试一下,他的社交账号上就有教程。要知道，对于无法运动的人（出于残疾或其他原因）来说，这可能是一个很好的选择。但今天，如果你可以正常运动的话，不如选择以下两种方法之一。

请选择你要挑战的方法——

选项 1：高强度间歇训练

尝试一下高强度间歇训练吧。别担心，它只是听起来有些吓人！做一组高强度间歇训练大约需要 7 分钟。基本规则是这样的：从下页的列表中选择一种运动方式——其实只要你喜欢，想选多少种都可以，但作为初学者，我们还是从最简单的方式做起。

重要提示：如果你已经有很长时间没运动了，不要一上来就做高强度间歇训练！跳过下页的列表，选择一些容易上手的项目，比如快慢走交替。逻辑是相同的：由浅入深，由易到难，然后在快要撑不下去的时候多坚持几分钟。为了不让运动那么无聊，你可以播放音乐，使用计步器，或者找朋友陪你一起运动，总之，尽量让过程有趣一点！你会从各方面体验到锻炼身体带来的种种好处。

如果你确定要尝试高强度间歇训练，我建议你在网上找一段7分钟左右的教学视频（网上的资源非常丰富）。如果你是独自练习，那么只需选择三种运动，然后交替重复。在手机上设置一个7分钟的计时器。如果欢快的音乐能让你加把劲儿，那就播放你最喜欢的音乐吧！每组运动做30秒，接着休息10秒，然后重复。你可以继续这种运动，也可以换另一种。总之，要做够7分钟。

开合跳 / 靠墙直角坐 / 俯卧撑 / 跪膝式伏地挺身
平板支撑 / 膝盖着地平板支撑 / 仰卧卷腹 / 单腿交替跳
深蹲 / 肱三头肌伏地挺身 / 高抬腿 / 弓箭步

如果有的动作你不熟悉，可以在网上搜索视频教程，或直接搜索整套的高强度间歇训练[在搜索栏中输入"7分钟健身运动"（seven-minute workout）]。

你完全可以根据自己的喜好选择做哪些动作，只要你在7分钟内以健康积极的方式给身体施加了压力。你并不需要做到"动作完美"，或者一定要达到某种健身效果才能从中受益。哪怕你是一名顶级运动员，如果没有正确地给自己施加压力，也是徒劳无功。

无论你选择哪种运动，无论你的体能或经验如何，你的目标都是一样的！找到你的极限，然后放松，保持这种不舒服的状态。让自己适应这种不适感，让这种坚持不下去的感受成为训练的一部分，而不是抵抗它！保持这种状态 30 秒，然后你就可以休息了，接着再将注意力集中在下一个 30 秒上。你要关注的是身体在这个特定的时刻经历着什么，通过这种努力来代谢掉压力。你的身体喜欢这个过程！

选项 2：把水温调低

利用低温环境制造激效压力也不难，你不必非要光着脚在极地奔跑。今天，洗完热水澡后，把水温调到你能忍受的最低温度。你能在冷水里坚持 15 ~ 30 秒吗？一分钟呢？我们让实验对象在冷水中待了三分钟。把自己逼到绝境，就像在运动中达到极限一样，然后放松下来，适应那种不适的感觉。

这是关键。你的神经紧绷起来，身体不住地蜷缩，你想要反抗，想要叫停，想要大口喘气，泡在冷水中当然不是什么令人享受的事！太不舒服了！这正是我们应对突如其来的压力的方式：努力熬过去，然后从中恢复。而对抗身体上的压力，不会让我们产生心理负担，所以我们能更快地从压力中恢复过来。洗冷水澡的时候，你可以咬紧牙关、绷紧肩膀、忍受寒冷……或者，你可以利用这个宝贵的时刻来训练自己的抗压能力。以平稳的心态接受并适应压力反应，你的抗压能力自然而然就会提高。

你可以选择在洗完热水澡后冲个冷水澡（你会发现身体从里到外都暖和起来了），或者，如果你喜欢，也可以在冲完冷水澡后再用热水冲洗一下。这个练习最好在早上进行，这样你在一天里都可以保持活力——但具体情况还会因人而异。

请时刻提醒自己：我的身体喜欢这个过程，我的身体需要这种训练，应激是人体的本能反应。

无论是选项 1 还是选项 2，我们追求的不外乎是一种充满活力的感觉，一种能够"把握每一天"的感觉。正如我们在前一章中所讨论的，你正在积极地训练自己成为一头"狮子"。在压力出现之前，你进行的抗压能力训练越多，你就越能有准备地去面对压力，以一种健康且有效的方式处理它。这就像我们在研究维姆·霍夫呼吸法的过程中，一位女性实验对象所言："我获得了更多能量来应对压力，我可以把事情处理得更好。"

在获得抗压能力的同时，我们也获得了调节情绪的能力，二者是相辅相成的。忍受寒冷和不适，把自己逼到身体舒适区的边缘，这些都会让我们习惯于忍受负面的情绪。这并不意味着我们不会再感受到负面的情绪，而是我们在面对这些情绪时，能更好地处理和排遣它们。

这两种选择在某种程度上都和冥想有异曲同工之妙：我们把注意力集中在身体上，集中在寻找不适的感觉上，集中在掌控这种有益的压力反应上。

【附加分】

冷应激可以制造积极的激效压力……同理，只要方法得当，热应激也能达到同样的效果。我将这种练习放到了今日的"附加分"中，因为利用热应激制造激效压力的最好方式是蒸桑拿，但不是每个人都可以轻轻松松地做到这一点！不管怎样，如果你真的有兴趣尝试，它和我们前面讨论过的其他方法差不多。

大量的研究表明蒸桑拿对情绪和身体都有好处。"高热"可以有效地制造激效压力。例如，蒸 30 分钟左右的桑拿，你体内的热休克蛋白就会增加。如果你反复蒸桑拿，热休克蛋白的数值就会一直高于平均水平。蒸桑拿时，你的心率会增加，就好像刚刚进行了适量的运动。定期的桑拿浴可以帮人降低血压、改善心血管功能，效果与运动相似[12]。我们知道，对于患有心脏病的老鼠（长期被投喂麦当劳之类的食物）来说，反复的热应激会刺激热休克蛋白，从而激活抗炎通路，有助于改善动脉粥样硬化，甚至有延长寿命的效果[14]。

高热也有助于治疗抑郁症[15]。研究人员率先发现，抑郁症患者在蒸1～1.5个小时的桑拿后，体核温度*可以上升到39℃左右，而在接下来的6周内，抑郁的症状会有所缓解[16]。这个发现令人兴奋！因为目前能够有效治疗抑郁症的方法并不多。

抑郁症患者的体温调节系统也经常失调。通过把体温调整至高热，我们迫使身体启动冷却机制（身体对人为升温的自然反应是冷却降温），从而也启动了不能正常运转的身体机制。体温在经历高热后的几天内下降得越多，人们就越能从抑郁的情绪中解脱出来。阿什利·梅森博士是加州大学旧金山分校的副教授，在她目前关于高热机制的研究中[17]，她发现网购平台上售卖的标准商用红外线桑拿浴桶（而非昂贵的医疗用红外线桑拿浴桶）就能够有效减轻抑郁症状。虽然还有待更多的研究，但蒸桑拿作为一种独特的方式，确实能

---

* 体核温度：指机体深部，包括心、肺、脑和腹部器官的温度。

够制造激效压力、改善情绪、助益健康。

【疑难解答】

· 如果高强度间歇训练的效果不明显……

如果你今天尝试了选项1，也许会发现效果并没有那么明显。其实，第一周是最难的，但如果你经常练习（每周几次，每次7～14分钟），心血管和神经系统的抗压能力就会逐渐提高，你也会更享受锻炼的过程。你的身体很快就会知道，这种感觉很好。运动之后，我感觉好多了。就像培养其他习惯一样，要给你的身体一个机会去适应它，此后的每一天，你都会切实地感受到运动给你带来的好处。

· 如果你正在和抑郁症做斗争……

任何形式的锻炼，即使是像高强度间歇训练这样的短期运动，对治疗抑郁症都是非常有效的。问题是，情绪不佳时，你是真的不想锻炼，也提不起精神。如果你抑郁或焦虑的程度很严重，不想尝试任何选项，那就告诉自己：万事开头难。动起来的感觉可能不会太好，但或许可以帮你摆脱先前那种"闷闷不乐"的情绪。任何运动，哪怕只有5分钟，对大脑都是有帮助的。瑜伽可能是个不错的选择。如果可以的话，不妨聘请私人教练，或者找一位朋友或邻居作为伙伴，督促你一起练习一个星期。互相发短信、监督打卡，互相鼓励，互相帮助。在这个过程中，感觉自己拥有了同伴，并对对方负起责任，这会对你很有帮助。

· 如果你非常焦虑……

从心理健康的角度看，锻炼方式不同，效果也会有差别。高强度间歇训练这样的运动对治疗抑郁症很有效，但对于重度焦虑的人来说效果有限。对于有些人来说，运动和其他激效压力源也许会使他们更加焦虑。

如果你总是十分焦虑，并且对此自知，你可能会发现高强度间歇训练不仅没有改善你的情绪，反而加重了症状。尽管如此，我仍然建议你尝试一下慢节奏的激效压力训练。因为在几次尝试后，你也许会越来越熟悉这种运动，它对你来说不再是一个"未知的威胁"，你的身体会慢慢地调整，逐渐习惯、适应那些和抑郁症状相似的生理变化（如心跳加速）。这最终能帮你达到减轻焦虑的效果。但如果你的心理和身体状态不宜运动的话，请量力而为，不要勉强。选择更适合你自己的方法，比如洗冷水澡或蒸桑拿。

DAY 5　　　　　　　　　　第 5 天

让自然发挥作用

℞

今日练习 ｜ 让自然帮你减压

和外界的"大"相比,
我们的担忧太"小"了。

第5天 | **让自然发挥作用**

想象一下：在一年多的时间里，你不得不待在家中。外面的店铺都关门歇业了，你根本没有地方可去。所有的工作都在电脑上完成，你整日都沐浴在笔记本电脑和显示器的蓝光辐射中。没有社交活动，你只能通过电脑的大屏幕或手机的小屏幕与他人交流互动。

这画面太熟悉了，我知道。除非你是第一响应者*或者必要的工作人员（他们承受的压力更大、更特殊），那么上面描述的情况很可能就是你在疫情防控期间的真实写照。我们都待在家里，大部分时间都盯着电

---

* 第一响应者：在紧急情况下首先到达现场并采取行动的人员或组织，包括警察、消防员、医护人员或其他受过专门训练的人士。——译者注

子屏幕；突然之间，从工作到社交，再到和同事沟通，都要依赖于电子产品。没有其他方式。其实，在新冠疫情暴发前，我们就长期待在室内，远离阳光和自然，其严重程度已经达到了历史最高峰。现在，我们在屏幕前工作的时间越来越长，越来越频繁地浏览新闻和社交媒体，接收到的来自世界各地的负面消息也越来越多。调查显示，如今人们的焦虑、抑郁、睡眠问题和倦怠程度达到了前所未有的水平。

在防控期间，人们都选择了走出家门，通过亲近自然的方式来纾解焦虑，因为所有的店铺都关门了，大自然成了我们离开家门后的唯一去处。于是有科学家对人们接触"蓝绿空间"的情况进行了研究，这类空间包括城市中的公园、树林、河流和沿海地区。英国精神健康基金会的一项调查显示，62%的英国人表示，在城市中的花园或公园散步可以缓解压力[1]，而且二者之间似乎存在量效关系：无论年龄多大，人们在自然界中待得越久（调查研究了从儿童到老人各个年龄段的人群），心理健康状况就越好。新冠疫情暴发初期，西班牙采取了严格的封控措施，看不到自然景观或无法接触自然的人，心理健康状况变得非常糟糕，而这与他们的收入无关[2]。如此看来，自然是一种强有力的抗焦虑药物。

我生活在城市里，思维模式已经固化，我习惯了救护车、消防车和汽车发动机的声音，这一切都在无形之中增强了我的黄色心理状态，使我警惕而不自知。每天我都会遛狗，无论多忙，我都一定会放下手中的事，出去走走。我会到海边遛狗，聆听海浪的声音，或者到金门公园的树林里散步，风穿过树叶发出沙沙的响声，那声音使我暂时忘记了烦恼和忧愁，让我与周围的环境融为一体。这种明显的对比让我意识到，我需要多亲近自然！我需要感受大自然的纯粹，需要完全脱离城市，沉浸在野外，自然对我的影响非常大。

离开城市，我最喜欢去的地方是某个偏僻的海滨小屋。一天之内，我的神经系统就会重新"校准"，只要靠近开阔的海洋，我就会从工作和家庭的愁思中解脱出来，被富有节奏的海浪声所吸引。在波澜壮阔的太平洋面前，生活中的困难根本不值一提。我的身体与周围的环境一同呼吸。在家里，我和电子时钟、手机及电脑同频；在这里，我与日出、日落、温度、气味、声音和感觉融为一体。

如果说疫情还带来了一点好处的话，那也许是：在人生中这段最紧张、最不确定的时期，我们不得不走出家门，走进大自然。当然了，这是必然的结果，因为我们真的没有其他选择！但事实证明，无论以何种形式、在何种情况下亲近自然，这都是排解压力最有效、最直接的途径之一。

现在的问题是，大多数人又回到了"自然赤字"的状态，除此之外还患上了"脱节综合征"：与自然脱节，与身体脱节，与他人脱节。在常态化的生活中，我们每天都接受过度的刺激，丧失了主动思考的能力。我们被困在琐事之中，不堪其扰。为了解决问题，我们投入了更多的精力，但问题越来越多，压力越来越大，填充了生活的每一道缝隙。这就是我们的生活状态。

当压力造成认知过载：黄色心理状态

人类的大脑可以预测未来：基于过去的经历、记忆和身体信号，我们不断地预测接下来会发生什么。所以，如果我们过度地沉浸在屏幕和电子设备中，大脑就总会预感接下来将要出现大量的刺激。我们期待着刺激。我们对它上瘾，甚至主动寻求刺激。

我们期待建立联系、主动参与、接受刺激，这种习惯让我们很难拥有一种更为平和的心态，去少做甚至不做事情。大脑告诉我们应该要做点什么，应该担心这个或那个，应该查看新闻或电子邮件等等。在红色或黄色心理状态下，大脑喜欢工作，而不是静止。在我们的一项研究[3]中，实验对象有10分钟（甚至更久）的时间自由思考。如果他们想在这段时间中做点什么，可以选择给自己施加一次轻微的电击。将近20%的人给自己施加了电击：一些人是出于好奇，另一些人则是因为太过无聊，或者不愿思考。

因为这种对于刺激的沉迷，以及鼓吹过劳工作的社会文化，一天中的大部分时间里，我们往往都待在室内面对屏幕。我们很少与他人面对面交流，取而代之的是在社交媒体上大量互动。这种情况很危险。在社交网络上，表达愤怒和负面情绪的表情符号越来越多，负能量被放大[4]。现在我们知道，脸书的算法让这个问题进一步恶化，含有愤怒表情符号的内容比"获赞"的内容转发量多5倍[5]。因为有了社交媒体，我们总是羡慕别人晒出的生活。这种情况对年轻人的冲击最大：美国青少年的自杀率在2000年到2007年间保持稳定，但2018年增长了57%[6]。一些国家已经意识到了网瘾的危害，出台了相关的政策，比如法国出台了一项规定："公民有权不看电子邮件。"这样人们就可以在晚上拔掉电源，不必回复紧急的工作邮件，但大多数人没有受到这种保护；相反，我们患有"脱节综合征"，与自己，与感觉、身体、他人及自然脱节。

城市居民的情况可能更糟糕。我们这些生活在城市中的人已经习惯了一定程度的持续刺激，但这并不意味着我们不会再被这些刺激影响。"城市化效应"指的是在城市长大的人比在农村长大的人更容易患抑郁症、焦虑症和精神分裂症。与农村地区的人相比，城市居民往往会对社会上的压力事件做出过度反应[7]。就连生活在城市中的蜜蜂也不同于农村的蜜蜂，前者的氧化应激程度更严重，可能是因为生活环境的污染程度更高，噪声和其他刺激源过多[8]。

我们生活在一个纷繁复杂的世界里，有太多来自屏幕的刺激、太多需要一直参与的事情、太多分散注意力的东西。但是我们的精神状态和压力水平是由环境决定的，我们可以利用这一点，让自己置身自然之中，如此一来，精神状态就会得到改善。

让大自然校准你的神经系统

道理很简单：改变物理环境，就可以改变精神状态，包括思想的内容和思维模式。这一点对很多人来说都有效，身处自然环境中，就会发生这种转变：思维从固化的模式（快速思考、消极的自我对话、预测未来）转向话语性思维，它更慢、更平静、更具创造性和探索性。亲近自然可以立刻削弱我们习以为常的人为感官刺激，比如电子屏幕、信息、城市噪音，从而使大脑得到休息，身体和心灵得到放松。我们的确可以训练大脑在日常的环境中放松下来（比如利用前面提到的正念冥想），但是亲近自然的效果更加立竿见影，而且对我们的精神状态和神经系统还有很多其他的积极影响。

森林对人体的有益影响已经得到了充分的证明。许多研究表明，定期到森林中走一走可以改善许多健康问题。在某些国家，这叫作森林浴。尤其是在亚洲，森林浴已成为一种惯用的疗法，韩国和其他国家的研究人员考察了它的疗效：每周几次，到森林中待上几个小时，或漫步林间，或静坐赏景，临床证明森林浴有助于降低血压和皮质醇，减轻炎症[9]。在新西兰，医生会开一张"绿色处方"：建议亲近自然，每周三次，每次两小时。这种疗法非常奏效，所以在很多地方，它已然得到了主流医学界的认可。

森林浴对神经系统的巨大影响，一方面是通过感官来体现的：植物或树木的气味，比如雪松的味道，可以减轻生物应激；森林中的空气不仅污染较少，而且离子含量高[10]，尤其是附近有瀑布或临近降雨时，空气更为清新。声音也起到了很大的作用：风穿过树林的沙沙声、鸟儿的啁啾，还有海浪阵阵或溪水潺潺的声音都能够放松和安抚躁动的神经。虽然目前并不知道背后具体的原因，但有一种理论认为这些声音贯穿了人类进化的历程，会让人感到一种来自远古的平静和安全。在视觉上，当我们被绿色包围时也会产生同样的效果，我们可能在进化过程中习惯了这种环境带来的平静和安全。另一方面，城市景观可能对人类来说过于刺激，因为我们感受到的不是自然的原始形态，眼中和耳中都充斥了太多非自然的事物。对很多人来说，城市景观不会给他们带来安全感，反而会引起警觉和警惕。

我们在大自然中经历的这种变化又被称为"注意力恢复效应"：注意力过载的情况有所减轻，心门打开，我们感觉更舒畅了。有研究监测了人们在观看自然和城市景观图片时脑电波的状态和脑内的活动，结果发现，与观看自然景观相比，观看城市景观需要耗费更多的注意力和认知处理过程，而且会激活脑中与压力相关的区域，如杏仁核[11]。新德里印度理工学院的普加·萨尼博士发现，当我们观看自然景观的视频时，大脑中的α波

和 θ 波（两种能够放松神经的脑电波）会增强，同时认知能力提高，更不容易分神[12]。有趣的是，其中瀑布和河流的效果最明显。

水的魔力

许多人喜欢聆听海浪富有节奏的舒缓声音，它影响着我们呼吸的节奏，让习惯了摄氧量不足的短促呼吸的我们渐渐放慢节奏，开始深呼吸（下一章中将展开讨论）。自然界中的水有一种特别的魔力，海洋生物学家华莱士·尼科尔斯博士称之为"蓝色心理效应"，而进入蓝色心理状态正是我们本周的训练目标。正如前文所述，蓝色心理状态指的是一种能够让人产生幸福感、让精神恢复深度宁静的状态，但尼科尔斯的观点是（出自他的著作《蓝色思维》），水通过一种特别有效的方式，能够让人感受到幸福。他称水是一种药物。我们也许可以利用水进入平日里很难达到的蓝色心理状态。

待在水中，无论是身处海洋、游泳池，还是漂浮在盐水池中，都会带来心理上的安宁和幸福。几个世纪以来，人们一直利用水来保持健康：从热水到冷水，从天然温泉到精心设计的室内浮箱。所谓室内浮箱，就是在水箱中装满水，加入大量的盐，让人很容易就可以漂起来，也很安全。体验过浮箱的人表示，漂在水上时，他们感到满足和安全，而且很放松。科学家研究了在安静的环境中体验浮箱的效果，结果表明，在没有听觉刺激的环境中，人的精神状态得到了很大的改善。科学家发现，让重度焦虑或有焦虑障碍的人在浮箱中待90分钟，他们的焦虑水平就会下降到接近普通人的程度[13]。

这是为什么呢？有一种理论认为，漂浮在水中可能会改变身体的信号，大大降低肌肉的紧张感和血压，进而在身体和大脑中产生涟漪效应。漂浮在水中似乎也加强了内感受，即我们的感官意识和身体之间的联系。注意力转向内心世界——不是陷入思维反刍，而是转向呼吸、心跳、情绪和身体的感觉。血压平均会下降10%，而血压下降得越多，人们会感到越平静，这种平静的状态可以持续一整天。

我们每天都承受着巨大的认知负荷。我们的工作记忆中储存了太多的信息，比如担心的事情、各种待办事项、突然冒出来的想法和对周围刺激的反应。身处自然界，我们的注意力更容易集中。我们的专注能力得到了改善——在实验室里，我们通过神经心理学测试证实了这一点。认知负荷减少，为创造力、自发思考和当下的体验留出了空间。一切都落回了我们在本书中一直讨论的那个问题：我们大多数时候都在无意识地承受压力。我们在不知不觉中被动地承受。人们往往意识不到自己有多紧张，直到他们进入大自然，压力第一次荡然无存，他们才发现自己原来一直背负着重担生活了这么久。我有一位好朋友，她非常喜欢旧金山的生活。最近，她去森林里待了一个周末，回来后说："我都不知道，原来生活在城市中压力这么大！"

进入蓝色心理状态

作为人类，我们生来喜欢亲近自然，身处自然之中，我们可以达到放松的绿色心理状态，甚至是蓝色心理状态。蓝色心理状态可以是一种深度放松的状态（引言中对此有所介绍），也可以是一种超然的状态：你感到与身体和环境相连，体验到思维在平静地蔓延。事实上，置身自然是最快达到蓝色心理状态的方法之一。

几十年来，我一直在研究如何提高抗压能力。说实话，自然对自主神经系统的影响力之大令我讶然。大自然是独一无二的，它有疗愈和镇定的功能，可以帮助我们排解高强度的压力，找到思考问题的新角度。主要原因在于，自然的原始之美让我们体验到了惊奇和敬畏的感觉。

沉浸于大自然使我们有机会接触到美，接触到一个比我们所处的日常环境更广阔的世界。在调查中，亲近自然的人这样描述自己的感受："壮阔"的海洋、"巍峨"的高山、"无垠"的沙漠、"开阔"的天空令他们心醉神迷。我们之所以能从自然中获得平静和安宁，是因为自然世界的瑰丽庞大让我们找到了看待世界的新视角，大自然提醒着我们宇宙浩瀚无垠，人类的悲喜不过沧海一粟。

加州大学伯克利分校的心理学教授达切尔·凯尔特纳致力于研究情绪，我们是20年的好友。在职业生涯的早期，凯尔特纳只专注于研究一种积极的情绪：敬畏。

当时的我并不理解，但现在看来，这似乎是人类所有的情绪体验中最有研究价值的一种。他对他所谓的"人类独特的敬畏体验"进行了广泛的研究。最终，他发现，当我们感到敬畏时，生物机体会立刻受到影响，比如心律变稳、血压降低、压力水平明显下降。对于年纪较大的人来说，一次简单的"敬畏散步"（在途中发现新鲜的事物、和他人一起拍照）与寻常的散步相比，可以降低日常压力，增加积极情绪，照片中的他们甚至会展现出更灿烂的笑容[14]。敬畏带给我们的改变是巨大的：面对比自己更加庞大的存在，我们的想法马上就会改变。当我们注意到世界的宏大，那些看起来迫在眉睫的难题和压得我们透不过气来的压力瞬间就会变小。和外界的"大"比起来，我们的担忧太"小"了。

凯尔特纳相信，敬畏可能会成为改善压力、焦虑、抑郁和创伤后应激障碍等问题的"特效药"。他的研究团队把有创伤后应激障碍的退伍军人带到荒野之中，短短一周后，退伍军人的症状减少了30%。

"人类自诞生以来，就一直在用文字记录'敬畏'。"凯尔特纳说，"这是我们遇到宏大且难以理解的事物时会感受到的情绪。实验研究证明，在这种情况下，我们会感觉'自我'变小了；我们会感到自己与更大的事物相连，比如生态系统；我们会对世界充满好奇；我们的思维得以解放。'敬畏'使我们投身于建设共同生存的家园。我们抛开分歧，关心他人。类似的实验数据越来越多。我认为，在现有研究的基础上，'敬畏'可能是疗愈心灵和提高抗压能力最直接的途径。"

敬畏：长效的抗压灵药？

凯尔特纳对敬畏和抗压能力的研究还在进行中。他正在研究的问题之一是敬畏的影响能持续多久。我们知道敬畏的体验不仅能减轻压力，还会对神经系统产生积极的影响。敬畏可以避免大脑陷入思维反刍和消极的自我认知，但这样的影响能存在多久呢？只是一时有用？还是能长期持续下去？

我的观点是：它可以持续一生。

我的同事乔治·博南诺是研究创伤的世界级专家，著有《带着裂痕生活》一书。他的童年并不愉快。从小到大，他都不得不忍受来自父母的家庭暴力。17岁时，他决定离开家乡，远离毒瘾和不良影响，尝试重新开始。于是，他搭便车去往美国西海岸。乔治遇到了一位好心的卡车司机，这位司机捎了他一段路，了解了他的过往，最后开了几百英里的车把他送到目的地。乔治不记得司机的名字，但记得他说过的话："孩子，你正在做的事绝对是你做过的最正确的选择。从今往后，你可以掌控你的生活，你也许会犯错，但没有关系，因为这些都是你的人生经历，你会从中吸取教训，然后成长。"

傍晚时分,司机不得不掉头返程。他建议乔治走下高速公路,到山上睡一宿,等到第二天一早再搭便车。于是,乔治在一片漆黑中爬上山,抖开他的睡袋,在星空下睡着了。当他在黎明醒来时,他才意识到自己正处于一座山脉的中央。他以前从未见过山。天空那样辽阔,充满了明亮的粉红色和紫色,他有一种非常强烈的感觉,时至今日他也很难找到合适的词汇去描述那时的触动:"我感觉到了上帝的存在,无形无影,但真实存在。"

"在那一刻,我感受到了宇宙的秩序。"几十年后,他说,"我感受到了一种永恒的存在,没有好坏善恶之分。自那时起,我就知道,一切都会好起来的。我的生活会好起来的。然后,真的,从那一刻开始,我的生活越来越好。"

现在的乔治是研究抗压能力的领军人物。他在研究中发现,大多数人在经历创伤事件后,会在几个月内相对较快地恢复以前的状态。绝大多数人在一两年内都可以恢复如常。人类的抗压能力很强,我们的身体、细胞、精神,都是为了适应压力而存在的。敬畏就像我们口袋里的一张王牌,它可以帮助我们渡过难关,增强内心的抗压能力。你可能经历过这样的时刻,突然之间,你的生活有了更多目标；你找到了自己的位置，看清了人生拼图的完整全貌。当我们经常处于绿色或蓝色心理状态、很少处于红色或黄色心理状态时，就会有这种感悟。

"体验敬畏"通常不会出现在我们每天、每周、每月的待办事项清单上，但我们必须经历这种感觉。凯尔特纳告诉我，最近有段时间，他忘记了定期体验敬畏的重要性[15]。2019年，他失去了与他十分亲密的弟弟。后来新冠疫情暴发了，随之而来的是我们所有人都经历过的压力：与朋友和家人切断了联系、害怕染病、忧虑未来。两年过去了，他觉得自己一直低着头、咬紧牙关，勉强度日。有一天，他突然发现，他整个人糟透了。

"我觉得我一直紧绷着，处在长期的压力之中，"他说，"就像发炎一样令我不适。我满脑袋想的都是生活的难处。我的细胞可能都因此早衰了！我突然顿悟了：我研究过'敬畏'，我必须走出去，感受这种情绪。"

因为当时还是疫情期间，远途旅行是不可能的，凯尔特纳也一直致力于低碳生活，他没有选择长途自驾游，没有乘飞机，也没有买太多东西。他只是单纯地想要体验敬畏感。他开始到处寻找这种感觉。他出去散步，发现了一些以前没有注意到的新生小树。他听音乐。他欣赏日落时分的天空。他又开始以阅读为乐，回顾那些曾使他开阔眼界、令他兴奋的卓识高见。他成功了。他仍然难过、仍然焦虑，这些情绪不会消失，但不会再困住他了。

重新校准你的神经系统，不管你身在何处

对任何人来说，要做到亲近自然都不容易。我们总会喜欢并习惯自己成长的环境。对许多人来说，突然沉浸在原始的自然中，可能不会让他们立即平静下来，因为他们并不熟悉这种环境。我们这些在城市中长大的人，已经适应了城市的节奏、景观和声音，在熟悉、繁忙的环境中反而才会感到安全和平静。但是我想说的是，如果我们给自己一个机会，如果我们能花一些时间去适应这些绿色或蓝色的风景，当我们被自然而不是人造的景观包围时，我们的内心深处就会感受到一种更大的平静和恬淡，注意力也会更容易集中。如果能做到"完全沉浸"在自然中，那效果更加"绝妙"。所以，我鼓励你试一试。不过，谈到管理日常压力，城市中的自然景观也能发挥巨大的作用。

研究发现，城市中的绿色植物有利于我们提高注意

力、降低心率、减轻焦虑、稳定情绪,而城市绿化带的缺乏可能会导致更多的暴力事件,致使居民心理健康状况恶化、体育锻炼减少、死亡率升高[16]。儿童也会受到影响,多动症和行为问题往往也与城市的绿化程度相关(排除社会经济状况的影响)[17]。端粒似乎也喜欢绿色!中国香港的一项研究发现,住在郊区的人们身边环绕着更多的绿色植被和自然空间,他们的端粒比住在城市中的人更长(同样,这一结果也排除了社会经济状况的影响)[18]。相比城市河流(污染更严重)中的鱼,乡下河流中的鱼细胞端粒更长[19]。乡村的鸟和城市的鸟也存在类似的差别[20]。花园和树木可以提升我们的幸福感,让我们的心绪更加平和,而城市中的花草树木也有相同的功能。

最近,在与一位朋友的谈话中,我忽视了城市中自然景观的作用。我说:"我渴望大自然!"我把在城市中散步和长时间沉浸于野外进行了一番比较。我的朋友却温和(而正确)地向我指出,只要有心寻找,自然无处不在。我们在自然的基础上建造城市,它从每一处缝隙中欣然迸发出来。鸟儿在树上筑巢,也在其他能栖身的地方(屋顶上的雨水槽、防火梯,甚至是盆栽植物中)筑巢;生命力顽强的植物从沥青的裂缝中生长出来；在一块小小的草坪、窗台上的小花盆或者任何容器中，你都可以发现"花园"的踪迹。大自然总会渗透进来，我们可以找到它的痕迹，甚至将它培育壮大。我发现自己比以往任何时候都更加喜欢我的花园，我打开所有的感官，去接触和感受城市中充满勃勃生机的自然。我每天都能在城市中体验到自然之美并从中获益，同时我也知道，我渴望到野外感受自然的美好。所以现在的我每天都要走进后院，赤脚踩在柔软的土地上，感受温暖的阳光洒在我的脸上，聆听鸟儿悦耳的叫声。

你今天的任务

亲近自然，体验敬畏，重新记起你在世界中所处的位置。从更宏观的角度审视问题的"大小"。调动感官，感受大自然释放出来的安全、平静的信号，让这种平和的感觉慢慢积累，直达内心深处。城市中的自然景观也可以帮你做到这一点。这就是绿色心理状态。

疫情期间，我们在这方面做得很好，也从中获益匪浅。让我们反思一下在这个过程中学到了什么。新冠疫情的暴发是压力研究的分水岭。我们已经知道如何培养抗压能力，以及如何收获更多的快乐和幸福感。随着人们开始接种疫苗，公共场所重新开放，生活逐步恢复了常态，一切都回到了疫情前的样子。我记得一位研究端粒的同事伊丽莎白·布莱克本曾对我说："不要让疫情这样草草地过去。"

危机带来了改变，我们称之为创伤后成长。亲近自然是我们在疫情期间常用的一种应对策略，我们从广泛的研究中了解到大自然的真正益处。我们要从中吸取教训。不要回到室内，一有机会就走出去，让自己置身自然之中，这可以改变我们的压力基线，使其接近绿色心理状态。

自然有一种稳定、平缓的特质，它本身就具有韧性和耐力，也激发了我们体内的这些能力。待在室内，我们会感到时间的压力，忙着度过每一天，而身处户外，我们会意识到真正重要的历史时间其实是以年和世纪为单位界定的。试想你在森林中散步，看到一棵大树倒下，刚想为它生命的终结惋惜，转头却发现土壤之中又冒出了新芽，它们将在这里生根、成长，生命可以延续到下一个世纪。这是生命的轮回。你从中看到了这颗星球的过去，也看到了它的未来。我必须说明，因为气候变化，我也会感到悲伤，有时甚至会对自然面临的威胁感到绝望。我相信你也一样。我们需要大自然，它是我们赖以生存的家园，也是心灵的栖息地。我们要采取切实的行动保护它，后文中我们会详细讨论这个问题。

今天，我们要完成的任务是，利用现有条件，感受来自大自然的力量。如果你今天就能走到自然环境中去，那再好不过了，但是请记住：大自然是强大的，无论它以何种形式存在，对你都是有帮助的。自然通过感官渠道影响我们，因此接触自然的方式有很多，包括在小区里散散步，或者到家中的后院走走。你还可以把自然的声音和气味带进家中或办公室。无论你选择哪种方法，目的都是借助自然的力量重新校准神经系统。你可以在室内营造近似自然的环境，也可以走到户外，改变你所在的环境，进而改变身心，让自己变得更加平静、快乐，具有抗压能力。今天，让自然发挥它的作用吧。

> 今日练习

让自然帮你减压

今天,你可以根据自己的能力,从下面三种练习中选择适合自己的一种。请记住,今天你无法尝试的练习,日后还可以随时尝试。这些练习都可以帮你减轻压力感、重新校准神经系统,"重置"你的身体,让你镇静下来,带着更多的能量度过这一天。

选项 1: 沉浸在自然之中

想一想你今天能否找到这样一个地方:像荒野一样原始的自然环境,远离喧嚣、炫目的城市。今天,我们的目标是完全沉浸在自然之中,使思维与外界协调,饱览风景的同时也不要忽略细节的美好。我的朋友马克·科尔曼来自英国,倡导定期到大自然中散步静修[21],他把这种散步方式称为"四处闲逛",也就是漫无目的的散步。没有目的地,也不必一定要走几圈或爬多高,只是慢慢地散步,留意身边的风景。

最好一个人去。如果你更喜欢与人结伴,那也没问题,但请记住,你不是去聊天或叙旧的,而是要获得一种感官上的体验。安静地走,慢慢地走,和身边的人保持一定的距离。你的首要任务是让感官完全沉浸在自然之中。将注意力聚焦在外部,打开心门,感受所见、所听、所嗅、所尝和所感。否则,你很容易被其他因素干扰,比如沉浸在自己的思绪之中。如果你静静地、慢慢地走,但是你的心思却在别处,那么就算你走到了最后,也不会注意到任何风景。

把注意力放在身边的环境上。深吸一口气,然后开始行走,记得做到以下几点:

竖起耳朵安静地走。静听鸟儿、微风、流水的声音。数一数你听到了几种声音。一旦你开始聆听,你就会发现原来自然界中的声音是如此丰富、悦耳。

感受风的存在,让你的身体和脚步随清风而动。正如一行禅师所说:"行走,就像用你的双足亲吻大地,感受地球的平和与宁静[22]。"

留意行走时身边不断变化的景色。包括土地、植物、天空、颜色、光线。

不时驻足，近距离观察，越近越好。触摸树叶、树皮、花朵。嗅一嗅。如果你不觉得太傻，也可以拥抱树木或者倚靠在大树上，感受它的厚重和结实。

提醒自己，你也是由自然构成的：你体内的水来自这个星球，来自当地的地下水井或水库。你所依赖的微生物群（在你的肠道、肺部和皮肤中）的多少取决于你所处的环境、土壤、吃的东西、吸入的空气（是的，有数以百万计的微生物在空气中飘浮）。了解自然，也被自然了解。你也是自然的一部分。

当你以这种方式在大自然中行走，打开你的感官，停止思维反刍，那么你所承受的任何压力都会消散，甚至不需要做出任何努力。当你回家时，你会发现自己精神焕发，带着更多的能量和更接近绿色心理状态的压力水平投入忙碌的一天。你可以在散步时拍一张令你深受触动的照片，让它定格你当时感受到的情绪，以便日后重新体验那种感觉。

去四处闲逛吧！至少走上 15 分钟——只要条件允许，走得越久越好，如果可以的话走上一个小时。在和大自然近距离接触这件事上，无论花费多长的时间都不算"久"。

选项 2: 寻找城市中的自然景观

想要在城市中发现自然，最有效的方法就是找一个看不到汽车也听不到汽车声响的地方。你可以去附近的公园或海边，甚至是一个安静的社区。如果可以找到有大片树林或绿植，能欣赏风景，或靠近水源的地方，那效果就再好不过了。不过利用你现有的条件就好。至少，无论身在何处，你总能抬头望见天空。

你的目标是调动你的感官，消除"身处城市的警惕感"。如果能够充分利用感官，那么你完全可以从小小的一片自然风光中获得美好的体验。

花尽可能多的时间（哪怕只有 15 分钟也可以）重置你的神经系统。慢慢地走，试着放慢呼吸的节奏，与步伐同频。把注意力集中在周围环境中的自然元素上，看看你能发现什么。观察野生动物，即使身在城市景观中，这样做也有镇定人心的作用。你也许会看到鸟或松鼠。你可以放个喂食器，把蜂鸟吸引到你家的院子里，然后观察它们。要知道蜂鸟的翅膀每秒可以拍打 80 次，这足以令你心生敬畏。

选项 3: 把自然带到你身边

这种练习旨在帮助我们把自然带入我们所处的空间。我们的感官系统非常强大。感觉、气味和声音都影响着神经系统。研究表明，吸入精油（来自雪松，特别是薰衣草等可以释放挥发性有机化合物的植物）的香气，可以短暂却有效地减少压力和焦虑感[23]。如果可以用精油稍稍按摩一下身体（手、脚、脖子或背部）就更好了。关于精油的气味是如何影响神经系统的，此类研究还有很多，在此不一一赘述[24]。

在家里，找一个可以让自己舒服地坐着或者躺着的地方（椅子或地板）。如果家中有镇静安神的芳香精油，那就利用起来吧。你也可以找些自然中的元素，比如花、草、树叶、橡子，或者任何可以打造出野外或自然景致的道具。然后调动听觉，营造自然的氛围。找一段你喜欢的自然界声音，比如雨声或海浪声（在视频网站或音乐流媒体应用上输入"自然界的声音"，就可以找到很多资源）。接下来，做一些简短的呼吸训练，帮助自己进入"从绿色到蓝色"的心理状态：

1. 注意呼吸的气流，一只手放在腹部，一只手放在胸口。你可能会感觉腹部比胸口鼓起得更多。

2. 用鼻子呼吸 5 次,但呼气的速度要比吸气慢。

3. 现在把注意力由内部转向外部,转向你的感官和所处的房间。

4. 注意聆听任何响动。当你吸气时,感觉到空气的味道了吗?你闻到了什么?你是否萌生了去感觉或观察任何自然界中景物的想法?

5. 想象你正置身于自然景观之中,可以是在水边也可以是在森林中,想象得越详细越好。

6. 告诉自己,这片广袤的自然风景可以容纳你所有的思想和情感;它足以容纳你所有的经历。现在,把自己交给自然,让自然接纳你、支持你。

无论你选择以何种方式走近自然、感受自然之美并体验敬畏,我想在此引用约翰·缪尔的一句话:"大自然的平静也会流淌到你身上,就像阳光流淌到树木上一样。风会将清新的感觉吹入你的身体,风暴也会将自身的能量倾泻在你的身上,而你的忧虑将像秋叶一样脱落[25]。"

【疑难解答】

你没有像别人一样感受到自然的美好吗？有些人很容易体验到敬畏感，能轻松地将其描述出来，有些人则不然。你可能体会不到别人描述的那种感觉，或者还没有被真正打动，但这并不意味着自然对你无用。不管怎样，大自然还是会对你的神经系统发挥作用。

无论风景多么美丽，你也不一定能感受到敬畏，在这一点上我们不做强制要求。你不必勉强。有的人在面对山脉或海洋时体会到了那种奇妙和豁然开朗的感觉，而你可能会在其他情况下获得类似的体验，比如观看那些彰显了人类英雄主义行为的视频。当我们的注意力被某种不常见的事物所吸引，在好奇心的驱使下，就可以培养出敬畏的感觉。观察你周围的环境，从微小的细节拉远到全景。你可以尝试每周拍 5 张照片，记录一些让你驻足留意的景象，然后用几个词来描述它们所激发的情感或想法。

· 如果置身自然让你感到不适……

如果待在原始、野生的自然环境中让你感觉不舒服，那就慢慢来吧。如果这种环境令你感到陌生甚至威胁，那你的注意力就会流向错误的地方。但这并不意味着你不能利用自然的力量。试着去关注你熟悉的社区里的植物和树木，或者把大自然的声音、气味带到让你有安全感的地方。慢慢营造出让你有身临其境之感的自然氛围。

你可能对某一类型的自然环境有强烈的偏好。我们早已知道，人们会寻找适合自己的环境居住，比如外向的人比内向的人更需要社交和热闹，外向的人乐于应酬和交际，但内向的人疲于社交，甚至会对此产生心理负担；再比如，外向的人喜欢待在咖啡馆这种热闹的场所。事实证明，每个人都对自然有独特的偏好。文化心理学家大石繁宏及其同事的几项研究表明，外向的人比内向的人更喜欢海洋，而内向的人比较喜欢森林、山丘和其他更安静、更隐蔽的地方[26]。

你当然要考虑自己的喜好和感受，但也要推自己一把，努力走出舒适区。接触新鲜事物、探索未知领域都有助于提高抗压能力。当你第一次置身于陌生的自然环境，可能会感到"不自在"，但我敢打赌，你会很快适应，并开始体会到压力减轻的回报。

DAY 6　　　　　　　　　　　　第 6 天

放松 ≠ 恢复

℞

今日练习 | 练习呼吸

有个错误我们都会犯——

把放松和恢复混为一谈。

第6天 | 放松 ≠ 恢复

从出生的那一刻起，我们就在呼吸。要活下去，就必须呼吸，然而绝大多数人很少花时间去思考呼吸。大部分的呼吸过程都是下意识的，由脑干控制，睡觉时呼吸，吃饭时呼吸，说话时呼吸。当然，你也可以选择控制呼吸，例如在锻炼身体或心烦意乱的时候，我们经常会注意并调整呼吸，让自己平静下来。但我们也在以其他方式影响呼吸，只是并不总能意识到。

一些研究发现，在工作期间，人们的呼吸会发生变化。每分钟呼吸的次数会增多，气息也会变得更为急促。在工作中，呼吸变急变浅的可能性更大，甚至有一种被称为"电子邮件呼吸暂停综合征"的现象——查看电子邮件时，你可能会屏住呼吸。

在紧张状态下——当我们的压力基线很高时，呼吸频次往往会增多，这种呼吸往往较浅而不是较深。面对压力，呼吸会变得轻而急促，通常是用嘴呼吸。这样的呼吸难以觉察！同时，这种呼吸方式会在体内引起压力反应[1]。浅而急促的呼吸是在向身体发出信号：准备行动。这是一种微妙的战斗或逃跑反应，神经系统随即会变得警惕。呼吸模式（通常是自主的，在很大程度上是下意识的行为）既影响体内的压力和紧张程度，又反过来受其影响。最终，这可能会成为一种"压力螺旋"：一天的压力触发了更轻、更急促的呼吸模式，不时会出现下意识的屏息，反过来使身体处于交感神经系统被激活的状态。我们最终会进入"橙色心理状态"，即介于认知负荷和压力唤醒之间的状态。

那么，我要问问你：

- 你是否经常屏息？
- 你的呼吸是深还是浅？
- 你的四肢和胸口有多紧绷？
- 现在，在这一刻，你的呼吸是否正常？

我们并没有得到真正的休息

在思考上述问题时,你注意到了什么?你是否发现自己肩膀紧绷?身体和思想是不是正"前倾"着?呼吸是缓慢而充足,还是又急又浅?现在暂停片刻,进行一次饱满的呼吸:吸气,呼气。然后思考一下:与平时的呼吸相比,这种感觉如何?有什么不同?

这种神经系统持续被激活的黄色心理状态,以及随之而来的轻而急促的呼吸模式,对我们来说是很正常的。我们已经习惯,并将其当作基线。所以,当我们在一段时间内面临高强度的压力,或者在日常生活中面临会强烈刺激交感神经系统的事情时,压力水平就会升高,全面达到红色心理状态。回归黄色心理状态的基线水平后,感觉好像很"放松",但问题是并没有。或者更准确地说,我们的确在"放松"下回到了默认的状态,但默认状态并不够放松。

光是回到基线水平是不够的,我们想要的是让压力值低于惯常的基线,从而得到真正的休息。或者说,是进入我在前文描述的深度休息或蓝色心理状态。达到深度休息状态,身心就都能得到我们迫切需要的生理性恢复,而这也有助于打破持续存在的压力唤醒模式。

如果我们能够达到蓝色心理状态，即使只是很短的一段时间，也会带来生理上的恢复，并降低默认的压力基线。正如本书开头所讨论的，默认压力基线降低后，我们就能拥有更健康、可持续性更强的神经系统唤醒模式。

我们无法一直处于深度休息状态，那是不可能的。但是，你知道大多数人多久能得到一次深度休息吗？

可以说是从来没有。

所以今天我想谈谈深度休息。如果我们想过上充满活力的人生、拥有良好的抗压能力，那么深度休息就不是一个备选项，而是必不可少的选项。它和氧气一样重要。事实上，它和氧气也有很大的关系。

持续的高压力唤醒状态，意味着呼吸变浅，细胞遭受慢性磨损。这种黄色心理状态会更快地耗尽我们的电量。一天结束时，我们感到筋疲力尽；周末时，我们感觉根本没有被"充电"。我们需要休息，需要真正的充电和恢复。我们需要创造条件，让身体进行关键的心志、生理和细胞恢复过程，这些过程往往被我们忽略了。压力唤醒水平表现在呼吸频率上，而这也是影响呼吸频率的众多因素之一。剧透警告：我们需要的深度休息也与呼吸有关。

深度休息期间，呼吸会放缓。更多的氧气会穿过肺部和血管之间的屏障。一氧化氮含量上升，导致血管扩张，让血液和氧气更快地在体内流动，血压和心率也因而下降。这些生理过程与呼吸模式密切相关。所有这些身体状况都表明你正在进入蓝色心理状态，也就是真正的深度休息和放松状态。

那么，怎么才能达到这种状态呢？

进入深度休息：说起来容易做起来难！

你懒洋洋地躺在沙发上，看着喜欢的电视节目。你带狗出门散步或慢跑。你烹制自己最喜欢的食物，在准备食物的过程中沉浸在香喷喷的气味和触觉中。你点上几根蜡烛，一边泡热水澡，一边阅读小说。

这些事情听起来都很让人放松，不是吗？

有个错误我们都会犯，那就是把休息和休闲与真正的恢复混为一谈。暂时放下工作或照顾患病亲属的职责，休息一下，做一些你喜欢的事，比如陪伴爱人、看书或电影，这些当然都很重要！是的，这是一种放松，属于绿色心理状态，却不能让你得到深度恢复，原因有二：首先，你的大脑在这一过程中很可能仍然在忙碌；

其次，你也很忙。当我们什么都不做，只是待着——当我们或坐或躺，乐于接受，把注意力集中在一些事情而不是自己的精神状态上时，才最容易达到蓝色心理状态。为了放松而做的很多事并不能真正帮我们恢复精力。这些行为本身的确有价值，但与深度休息相比过于表面。绿色和蓝色心理状态之间有很大的区别。

试着回忆一个你真正感到彻底放松的时刻。你觉得身体和思想从工作中解脱出来，得到了完全的休息。也许你当时待在一个特定的地方，对很多人而言是在大自然中，我们从上一章中得知，大自然可以激发蓝色心理状态。也许更重要的是，这个地方不是你平时所处的环境，在这里，你可以远离日常生活的繁忙喧嚣和无尽要求。如果周围有一堆没叠的衣服，笔记本电脑嗡嗡作响，提醒你又有很多电子邮件发来，你往往是达不到深度放松状态的。此外还需要安全感，因为安全感是深度放松的先决条件。深度休息通常也与身体上的隔离同时出现。这意味着"感观渠道变窄"，甚至是一种剥离——是从刺激中摆脱出来。我们处于"乐于接受"的感知状态（不是身心前倾，迫不及待地窥探想象中的未来，而是后仰或平躺）。这是一种注意力轻轻浮动的开放体验，不为任何特别的事担心，也不会陷入思维反当,相反,我们可能会陷入白日梦,充满创造力,思绪飘忽,能够平静地任由想法来来去去。

对一些人来说,当我让他们回忆自己深度放松的时刻时,他们脑海中浮现的是度假的情形——一种从世俗中真正的逃脱。有人是自然之旅,还有人是长时间的按摩。对我来说,我想到的是长瑜伽课结束的时刻。大多数瑜伽课程的结束姿势都是"挺卧式",即躺在地上,什么都不做,让身体重新充满能量。完成挺卧式后,我很不情愿重返日常生活,但确实感到既平静又充满了活力。做完瑜伽、冥想等身心练习后,常常都能进入这种深度放松状态。如果你进入了这种状态,很可能就不希望它结束!这就是蓝色心理状态,摆脱了纷繁的思绪,获得了彻底的休息,是一段清醒和警觉的恢复期。

你可能有过,也可能没有这样的经历,这都不要紧。我们大多数人每周甚至每年都很少遇到这样的时刻。休息似乎应该是最容易做到的事情——自然而然、毫不费力、自行发生,但其实这是最难的事情之一。抽出时间是很难的,而"什么都不做"更是难上加难。我们不可能扑通一声倒在沙发上快速得到深度休息,尽管我们很希望如此。思想和身体不会那么快、那么容易地放缓节奏。因此，像身心练习这样的特定行为才能真正帮助我们达到目标。挺卧式在瑜伽中被认为是最重要，但也是最难做好的姿势。这也许有点奇怪，毕竟在瑜伽中还有很多姿势需要惊人的力量和柔韧性！但挺卧式的核心原则是放手，完全放弃控制，真正放松。在瑜伽练习的最后才做挺卧式是有原因的："放下"对我们来说太难了，需要让思想和身体做好准备，才能实现。

深度休息的细胞生物学

进入深度休息后，我们的大脑和身体会经历一些独特的事，这与我们日常默认的警惕状态相反。我们在前文讨论了激效压力后的恢复状态如何创造出了一种"清理过程"：它激活我们体内的"清道夫"去清除自由基，处理旧零件、杀死旧细胞。这种由积极压力引发的清理过程在细胞层面上对身体是有极大好处的，但深度休息有不同的作用，带来的好处也更多。

深度休息能促进生物体恢复，它能增加生长激素和性激素的分泌，随着这些激素的增多，身体能更好地恢复、愈合并进行组织再生。在清醒时进行深度休息，可以为我们的思想和身体提供最有效的恢复方式。睡眠期间，我们也会经历深度休息阶段，即深度睡眠阶段（也称为"慢波睡眠"），是最有助于恢复精力的状态。这期间脑脊液的脉动可以清除大脑中的淀粉样蛋白和其他垃圾。

在压力科学领域，我们探究深度休息影响力的方法之一，便是研究静修的人。"静修"一词可以有很多含义。它通常指的是在静修中心举办的、由训练有素的专业人员指导的、有组织的冥想练习或无声静修。但这只是含义之一。静修的真正意义是把自己移出日常环境，远离那个环境里的种种刺激源和要求，例如独自待在树林里的小木屋中。

静修中心提供了一套理想的条件，让人们比平常更放松。那是一段受保护的时间，边界分明。你很安全，隔绝了那些会经常激活交感神经系统的事物（比如工作、电子邮件、现代科技产品、照顾患病亲属的事宜、棘手的人际关系，以及所有在日常环境中可能触发压力唤醒状态的事）。

就我个人而言，我在静修期间体会到了最深度的休息状态，效果持续几周。从长远来看，我们值得提前考虑一下，如何腾出时间进行某种形式的静修，可以参加静修中心的正式课程，也可以只是在树林里度周末。我们很少优先考虑这种受到严密保护、远离科技产品、专注于休息的时间，但这是必不可少的，可惜现今我们根本抽不出一个星期的时间远离日常生活的旋涡。所以，在今天，在此时此刻，当你读到了这一章，就抽出几分钟来尝试一个新练习吧。我们能否在较短的时间内创造出一种"静修"的心态？那样就不需要请假一周，而是立刻就能做到，每天都能做到。

静修时的心理状态

人类的大脑是一个孤立的器官，存在于黑暗的头骨中，完全依赖于感官输入获取当下的信息。大脑会利用所有这些信息，预测可能发生的事。从根本上说，情绪就是大脑根据这些从身体中得到的信号以及对类似情况的记忆，对自身应该如何应对某种情况做出的最佳猜测[2]。例如，如果你一直在工作中应对着无数的危机，回复一封又一封棘手的邮件，那么听到新邮件的提示音时，你很可能会在点开邮件前不由自主地紧张和警惕。大脑的反应是以经验和习惯为基础的，但我们可以打破这个循环，将它导向更深度的休息状态。

我们可以通过改变大脑从身体中接收到的信号，来影响大脑的活动和惯有的压力唤醒状态。我们可以设计一种身体体验，向大脑发送"纠正"信号，从而影响内感受，让它再转而影响我们现在的感受。换句话说，就是通过一些暗示和信号，告诉身体我们现在很安全、很舒适，除了放松别无他事可做，这就迈出了很好的第一步。我们可以利用昏暗的灯光或黑暗的环境，柔软的枕头或眼罩，安全封闭的房间，抚慰人心的图像或元素——所有这些都可以发出信号，告诉大脑现在可以放下警惕，休息一会儿了。在这种状态下，身体最终会帮我们完成其余工作：它检测到自己处于安全的环境，便会引导能量进行细胞基本代谢。最重要的是，这是一种前馈*反应。深度休息的体验会创造身体记忆，它将影响大脑在未来预测同样的感觉和内感受线索的方式。这是一个正反馈循环。我们在大脑对未来的预测中输入新的信息，以建立深度休息模式，下一次就能更容易、更快地进入这种模式了。

静修让我们更容易进入深度休息。在日常生活中创造"静修心态"，确实有很多好处。我试着在晚上入睡

---

* 前馈：生理学术语，根据已知的或预测到的信号来调整生物体的生理反应，使其更好地适应环境变化。

前的放松时间中这么做。若仔细观察成功的静修需要怎样的条件，我们就能在任何地方创造类似的体验——使自己远离各种需求。关掉手机：理想情况下，你根本没机会去查看它。感到社交安全：你要么独自一人，处在宜人而安静的氛围中，要么身边的人和你有着相似的静修目标。如此一来，神经系统就会重新校准。我们与压力源断开联系，重新与自己建立连接，保持内心的平静。消除外界的种种需求后，巨大的认知负担便会有所减轻。长此以往，无意识中累积的压力也将逐渐被消除。

在静修期间，细胞内部会发生什么？这正是我和同事们在一项研究中着手调查的问题。这项研究是我们与鲁迪·坦齐博士、埃里克·沙德特博士合作进行的[3]。埃里克是一位数学家，可以通过复杂的模型来识别两万多个基因的活动变化模式。在这项研究中，我们招募的实验对象都从未进行过冥想，完全是新手，我们将他们带到了一所静修中心。然后，我们把他们分成两组，一组人那一周在老师的指导下进行了冥想训练，另一组人则单纯只是住在风景宜人的静修中心，吃同样的健康食物，在同样迷人的土地上漫步。每个人都完全远离工作、手机和电脑。

结果证明，不管实验对象是否接受过冥想训练，仅仅是待在静修中心，免疫细胞的基因表达活动就会发生巨大的变化，以至于"机器学习算法"能够以96%的准确率预测实验对象们静修后的情况。或者更简单地说，实验对象在静修中心生活后，他们的细胞活动与到达中心的那天相比有了很大的不同！我们看到，炎症、氧化应激、DNA损伤和线粒体损耗的情况都有所减少。这些都大有好处！而细胞自噬，即有益于细胞的清理过程则有所增加。两组对象都称，在一周结束时，他们感到充满活力，抑郁、焦虑和压力都大大减少了。这告诉我们：不需要学习冥想，就能提升身心健康。我们只是把人们放在一个美丽放松的环境中（没有电子邮件干扰），他们的身体就发生了迅速而有力的变化。

正念和冥想训练可以带来非常深远的影响。一个专注于内心、沉浸于冥想练习的人，与一个身处高压环境的人，他们的思想和神经系统存在着鲜明强烈的差别。好处是实实在在的。一个年轻人在参加过我的同事阿米特·伯恩斯坦教授为难民开设的正念冥想课程后，这样描述自己的感受："这是一种让头脑得到休息的状态，头脑休息后，思维就会非常清晰、明朗。这对我来说就像一剂灵药——对你们来说这可能是一种奢侈，对我来说却是灵药。我把它当药来用[4]。"

休息的权利

由于个人经历和生理上的差异,并非人人都能以同样的方式获得休息。我们都有各自独特的难题;我们各不相同,有复杂的校准神经系统、不同的触发因素,可以带给我们安抚和安全感的东西也各有不同。30%的人都经历过童年创伤,对其中大多数人来说,日常压力会带给他们更大的威胁和警惕感[5]。我们现在知道,帮助创造深度休息状态的身心练习对这些经历过童年创伤的人尤其有效。

休息事关社会公平,社会经济和种族壁垒都会阻碍深度休息,并不是每个人都有同样的自由和能力来获得充足的睡眠。边缘群体,尤其是美国的黑人,就面临着"休息不平等"的问题。事实上,研究表明,与美国白人相比,非裔、拉丁裔和亚裔美国人的睡眠时间更短,质量也更差[6]。特里奇娅·赫西是一名表演艺术家兼社区治疗师,她认为休息也是一种抵抗,在此基础上创立了"午睡部"[7]。正如她在自己的网站上所写:"我们相信休息是一种精神实践,关乎种族正义,也关乎社会正义。"

深度休息是一种权利,而不是奢侈品。这是我们在科学(和硬数据!)的引领下必须做出的社会和文化改革。我们都在与睡眠做斗争，一是因为人类思维的普遍模式（往往持续处于黄色心理状态，一直都很警惕），二是因为当今这个时代中来自社会和工作的压力。真正的休息、深度的休息，是一剂强有力的良药，但它十分稀缺。必须让所有人都更容易获得这样的休息。除了为自己创造更多的休息机会外，想想你在日常生活中能发挥怎样的影响力，帮助别人得到他们所需的休息。对方可能是你的家人，但也可以延伸至朋友、下属，以及拥有较少特权或机会的人。有什么方法可以为他们争取休息的权利吗？

只要留意一下自己对"抽时间进行深度休息"的建议做何反应，你就能感受到"抵制休息"的思维在我们脑中是多么根深蒂固。在阅读这一章的过程中，你有多少次不由自主地这么想？"我没时间休息。""还是跳过这一章吧。""我就是没法休息。""其他人或许进行了深度休息，但积压的事情更多了，不如等我把这件事办完再说吧。"如果你发现自己是这么想的，那你就更需要休息了。

这关系到你的健康、你的生活，还关乎你前进的方向、你的感受，以及实现目标后能做些什么。这是一种预防措施，就像刷牙一样，你每天都会设法去做。每天对抗压力有利于健康，可以提升生活质量，让我们有能力对世界产生影响，无论这影响的范围是什么。如果你不花时间照顾自己，包括现在进行深度休息，那么到了以后，你将不得不抽时间去求医看病。每一天，我们都可以为早衰和疾病的到来创造肥沃的土壤，也可以为恢复青春和健康创造条件。要允许自己充充电。

通过呼吸进入深度休息……就是现在！

没有一种方法可以"创造"深度休息，但有很多方法可以帮我们达到这种状态，比如在长时间的静修、体育锻炼结束的时候，以及瑜伽课程最后做挺卧式的时刻，你都可能会达到这种状态。还有深入自然风景时，在大自然中，身体节奏会渐渐与自然同步。在所有这些活动中，身体都会经历一种共同的变化：呼吸放缓，变得更有节奏，从而促使迷走神经张力增强（副交感神经与交感神经的平衡性增强），体内含氧量增加。

创造深度休息的理想条件，比如获得安全感，进行身心练习，或者置身于大自然中，呼吸通常就会随着身体的调整而自然改变。不过今天，我们要倒转过来，从呼吸开始。练习如何进行身体在深度休息状态下想要的那种呼吸,就是在向身体发出信号,告诉它可以休息、可以顺其自然了。在这里,我们不是通过自上而下的理论来创造一种"休息"的精神状态,比如冥想,而是使用一种自下而上的方式,通过呼吸来改变精神和身体的状态。事实证明,要达到深度休息,最快、最直接的途径就是呼吸。如此一来,即便不能去静修中心,你也可以随时随地进行静修。而你需要做的,只是呼吸。

要改变生理状态,呼吸练习是我们所能选择的最有效的方式之一,效果立竿见影。有一点着实不可思议:我们居然可以控制呼吸,这意味着我们可以控制自主神经系统的状态,甚至是我们的意识。通过调整呼吸,我们也可以影响情绪,推动自己走向快乐和平静。

首先要明白一点,大部分时间,你的呼吸方式都是错的!我们大多数时候都在急促而低效地呼吸,这为高于理想压力基线的橙色心理状态创造了完美的环境。我们还经常用嘴呼吸。通过鼻子吸气可以让鼻窦产生一氧化氮,一氧化氮会进入肺部促进血管扩张,对健康有益。《呼吸革命》一书的作者、记者詹姆斯·内斯特进行了一项个人研究,他用胶带封住鼻子10天,只用嘴巴呼吸[8]。实验结果证明了他的猜想。更糟糕的是,他感到焦虑,身体被交感神经支配,肾上腺素飙升,睡眠也很不好。他打鼾的问题也变得严重，从每晚几分钟变成了每晚几小时，甚至出现了睡眠呼吸暂停。重新使用鼻子呼吸后，这些问题都迎刃而解了。

现在流行一种做法：在睡觉时使用特殊的胶带封住嘴巴，比如由呼吸专家帕特里克·麦基翁研发的鼻呼吸辅助胶带。在治愈了自己的哮喘后，麦基翁开始向大众展示，改变呼吸有助于解决诸多健康问题，并以此作为自己的事业[9]。呼吸生理学复杂而迷人，但理想的功能性呼吸实践起来却非常简单而优雅，这可真是谢天谢地。试试下面的方法，麦基翁称之为"轻、慢、深呼吸"。不要大口呼吸！用嘴大口呼吸会导致呼吸过度、血管变窄、血液中的含氧量减少。轻柔的呼吸则会让血液中有更多的氧气！是不是感觉和你平时呼吸的方式不一样？"轻、慢、深呼吸"练习包括在可忍受的缺氧感中工作，以增加肺部和血液中的二氧化碳含量，同时还要减缓呼吸速度。一开始，缺氧感可能会让你很不舒服，但随着你对二氧化碳的耐受性增加，就会发现这越来越容易做到。

麦基翁建议一开始要慢慢尝试，每次30秒，中间休息一分钟。他建议起初轻呼吸，以适应缺氧感，然后增加下肋骨的扩张和收缩，最后，在保持最小呼吸量的同时减慢呼吸。这使呼吸的生物化学、生物力学机制和频率都趋于正常。轻、慢,通过鼻腔和横膈膜进行的呼吸是日常功能性呼吸的基础。

我们应该尽可能地这样呼吸:

坐直,让呼吸通道保持畅通,挺胸,收下巴。闭上嘴,用鼻子呼吸。轻松舒适地呼吸,使用"轻、慢、深"的方法。

轻轻地呼吸——轻柔、温和、平静地呼吸;

慢慢地呼吸;

深深地呼吸,让气流向下进入横膈膜(肋骨向两侧扩展)。

我们大多数人都意识不到呼吸对神经系统施加了多大的控制力。通过"改变呼吸频率"这样一种简单的方式,我们就可以控制肺、血液和器官组织中的氧气及二氧化碳水平。几千年来,人们一直通过呼吸练习来振奋精神、放松,甚至进入狂喜的状态。你可以通过呼吸创造出种种令人难以置信的生理和精神状态。是的,它能让你放松,还可以增加激效压力(正如前文描述的维姆·霍夫呼吸法),仅凭呼吸模式的改变就将你带到压力反应的峰值。还有其他类型的呼吸练习，比如全息呼吸，以及瑜伽中的昆达里尼呼吸法，它们可以极大地改变意识水平和情绪状态。从压力到幸福，再到深度放松，我们可以用呼吸来感受一切。

现在马上就开始今天的呼吸练习，在这期间，我们会做短暂的屏气。为什么？屏住呼吸时，即使时间很短，血液中的二氧化碳含量也会增加，这会让携带氧气的血红蛋白被释放到血液和组织中。简而言之，它会增加可供身体和大脑使用的氧气量。氧气水平提高，既能使人精力充沛，又能使人放松，还能减轻压力，让人更为冷静、思维清晰和专注。事实证明，短暂的屏气可以提高我们的"二氧化碳耐受水平"。对二氧化碳的耐受性越强，我们感到的焦虑就越少。在今天的练习中，我们将进行短暂的屏气。

针对"慢呼吸"练习的研究中，实验对象在专业人员的指导下让呼气的时间大于吸气，结果表明，这几乎可以立即改变自主神经系统[10]。放慢呼吸时，身体其他部分的运转节奏也会随之减慢：心率放缓，脑电波增加，整体上获得幸福和放松感。我们心率的变异性也会增强，这一点十分重要，因为当心率变异性（迷走神经张力）增强时，我们就向大脑发送了"安全"的信号。

我们让超负荷的交感神经系统暂时停歇下来，降低了细胞的代谢率，给细胞恢复活力的机会。研究表明，每周进行几次缓慢呼吸（每分钟的呼吸次数少于10），每次大约15分钟（具体时长因研究而异），至少持续一个月，可以使收缩压降低大约6%。研究人员普遍认为呼吸越慢越好——将呼吸频率减少到每分钟6次，就可以更为稳定地增加心率变异性并降低血压。这被称为共振呼吸或迷走神经呼吸。

我们正常的呼吸频率是每分钟12～20次，平均约16次。一些人甚至徘徊在过度呼吸的边缘。在通常默认的黄色心理状态下，呼吸都会过快过浅。一旦呼吸浅而急促，身体就会产生压力反应，如此便会形成恶性循环。

我们往往会偏向于黄色心理状态，或者是拥有较高的压力基线。这反映了我们良好的求生本能：我们的注意力更容易聚集于那些构成威胁的事物，因为威胁的信号比安全和爱传递出的微弱信号要明显得多。因此，我们需要有明确的目标，并创造安全的空间，使自己能够长时间处在日常压力基线水平以下。比起面对压力时自动做出反应，这对我们有更高的要求。要实现深度休息，起初需要我们投入有意识的努力，也需要投入时间。

所以在今日的练习中,我们要把呼吸频率降低一半。这是一种技能,任何时候你需要重置神经系统,都可以而且应该将它拿出来使用。如果不调整我在下文中提到的其他一些决定性因素,你可能就无法进入深度休息,但呼吸可以帮助你摆脱慢性压力。任何时候,你都可以通过调整呼吸这种效果绝佳的方式来减压。

重点总结

当呼吸变得浅而急促时,就是在向身体发出压力信号。

长长地呼气,则是在向身体发出"安全"的信号。这会让副交感神经系统的活动增加,心率变异性提升(这是好事),迷走神经张力增强。

改变呼吸方式,还可以改变我们的思维。呼吸可以改变身体的压力唤醒状态。它可以带走焦虑,让我们放松、积极,具有抗压能力。

光放松是不够的。放松并不能改变默认基线,而默认基线更接近的是压力,不是休息。这意味着我们一直背负着压力。我们从来没有深入真正能帮我们恢复精力的蓝色心理状态。要想降低基线，我们需要一段时间的恢复。长时间的恢复有很大的好处，但即使是短暂的恢复也能起到非常好的作用。从今日的"迷你静修"开始，我们要做的还有很多。

现在，就让我们一起呼吸吧。

> 今日练习

练习呼吸

完成这项练习有几个前提。当我们忙于处理电子邮件，或等待短信和电话时，就不可能得到深度休息。它不会出现在我们感到不安全或不自在的环境中。它需要清净和隔绝、安全感，并远离日常的种种要求。因此，第一步是准备空间，和身体建立联系。就像一行禅师所说，"深呼吸，把思想带回到身体里"。

准备空间

创建深度休息的空间！选择一个你觉得最安全、最放松的地方。在这里，你能拥有最大的隐私，并远离工作、家务或其他需求。你选择的地方应该相对安静、干净整洁。

做练习的时候你需要躺下，所以准备一块瑜伽垫或毯子，或是任何让你感觉舒服的东西。如果你有眼罩、重力毯，或者可以用来支撑脖子和膝盖的枕头，尽可以用上，但要知道，哪怕没有任何工具，你也能完成这项练习。我认识一个人，她很忙碌，还要照顾子女，而她只是走进浴室（这是唯一一个不会有人打扰她的地方！），把一条大毛巾铺在地上，便开始了练习。

通过呼吸来恢复（4-6-8 呼吸法）

回想一下我们在本章前面尝试过的更慢、更深、更有意识的呼吸方法。如果需要，可以翻回 191 页重温。一旦记住要放慢呼吸，我们一整天就都会想这么做。为了进行简短的呼吸练习，我们现在要更进一步，调动全部的注意力，进而提升迷走神经张力和氧化作用。

设置 5 分钟的计时（我建议你花点工夫，选一首柔和的小调或歌曲来提醒自己时间到了）。躺在垫子或毯子上，喜欢的话可以用枕头支撑，弄得舒服一点。闭上眼睛，放下头脑中那个装满砖头的箱子（见第 2 天的练习）。在接下来的 5 分钟里，你要做的是：

- 用鼻子吸气 4 秒。
- 屏气 6 秒。
- 缓慢呼气 8 秒。可以试着噘起嘴唇以缓慢呼气——如果你觉得这么做比较容易的话。

吸气 4 秒、屏息 6 秒、呼气 8 秒，重复这个模式，试着让气流深入横膈膜，并想象它蔓延到了四肢百骸，直至指尖和脚趾末端。

对许多人来说，即使只进行几分钟的深度放松呼吸，也能对神经系统产生极大的影响，从而实现"重置"。希望在结束练习、重新开始一天的生活时，你的身体已经重新校准、踏踏实实，黄色心理状态不会再进一步上升到红色区域。但即便第一天的练习没有立竿见影的效果，也不要放弃。这种练习的影响会随着时间的推移而逐渐扩大。如果这让你感觉不舒服，那就从 4-4-6 开始（吸气 4 秒、屏息 4 秒、呼气 6 秒）。不要放弃！

【附加分】

· 正念增加 5%

如果今天的时间比较充裕,那么可以在呼吸练习后再花 5~10 分钟做一次短暂的正念练习。研究表明,即使是短暂、定期的正念练习,也能帮我们提高注意力、减轻压力。它还可以让我们深刻地了解到思想和身体中存在的压力源。

简而言之,正念就是关注当下的经历,不加评判,并心怀善意。这听起来很简单,却并不容易!所以,带着 100% 的投入和 100% 的宽容之心完成这项练习吧。你不可能"做不好"。我们的身体会自行呼吸,所以要做的仅仅是观察这个过程,这可能是一段丰富而放松的经历。

把注意力聚焦于呼吸。(不需要费力去计数,保持自然呼吸即可。)随着气流进出,注意体内与呼吸有关的感觉。一旦开始走神、担忧或胡思乱想,就把注意力转回到呼吸和身体的感觉上。

· 检查你的身体

你觉得自己的感官和能量处在什么水平?你能感觉到身体里安静的能量吗?你可能会听到嗡嗡声或感到振动。你觉得身体的哪个部位还承受着压力？还记得这周开始时我们进行过的"抓与放"练习吗？这个练习很适合在这里进行：一边呼吸，一边寻找积压在你身体里的压力，将其释放。注意你是否有了轻松的感觉。

吸气时，想着"恢复精神"这个词，呼气时则想着"放松"。也可以想象一个彩色的圆圈随着你每次吸气和呼气而扩大缩小。你能让你的神经系统放松5%吗？

最后，如果可以的话，让你的"放松空间"保持原样，留待明天继续使用，计划在明天同一时间再做一次这个练习。我们的身体一旦调节好，就能更为自主地放松！一定要好好利用这一点。在相同的时间、相同的空间中，利用感官刺激（芳香疗法或舒缓的音乐）来做这个练习，随着时间的推移和不断的重复，你的身体会更快地进入休息和恢复活力的状态。

【疑难解答】

· 如果改变呼吸的方式让你感到焦虑……

仔细阅读有关呼吸的研究你就会发现，对于许多人来说，刚开始采用这种新的缓慢呼吸法时，会出现轻微的换气过度现象（头晕、身体刺痛、紧张），这是由于他们血液中的二氧化碳减少而不是增加了。这意味着他们可能会感到焦虑而不是放松，患有哮喘或焦虑症的人尤其如此。有一个能快速解决此类问题的办法，我很清楚这听起来有违直觉：轻浅、自然、缓慢地呼吸。不要做深呼吸。这可以帮助我们立即从"迷走神经呼吸"中受益[11]。

我们中的一些人可能对焦虑高度敏感，这有时被称为"对恐惧的恐惧"——不能容忍焦虑引发的身体反应。例如，感觉自己心跳加快可能会让你更加焦虑。在新冠疫情期间，我们发现对焦虑的高度敏感往往意味着焦虑和抑郁症状的加重，以及更为频繁的就医[12]。如果你对焦虑高度敏感，就特别需要重新训练自己，让呼吸变得更深、更慢。在极端情况下，对于患有恐慌症的人来说，以这种方式改变呼吸、减少换气，甚至可以减少病症发作[13]。

在有关重新训练呼吸方式的研究中，人们有时会在情况好转之前状态变糟。例如，针对慢共振呼吸（每分钟呼吸6次）的研究发现，人们，尤其是高度焦虑的人，在第一次做呼吸训练时，出现换气过度的情况会比较多。但几周后，他们就会放松下来。所以慢慢开始，坚持下去，要知道，在感觉好起来之前，情况可能会变得更糟，但这是值得的。

| DAY 7 | 第 7 天 |

完满开始，完满结束

℞

今日练习 | "幸福书挡"

快乐是买不到的——

它来自我们的内心。

第7天 | 完满开始，完满结束

早上睁开眼睛，你首先想到的是什么？

你是不是被哔哔的闹铃声吵醒后，马上开始思考现在几点了？有没有迟到？你会翻身去拿手机吗？你是不是被孩子弄出的动静或宠物的叫声吵醒的？你是否已经在考虑当天的种种安排，以及自己将如何完成每件事？

一觉醒来，我们喜欢以崭新的面貌迎接新的一天。我们希望有一个全新的开始，就像在书写一张充满可能性的白纸，但事实并非如此。我们有各种各样的烦恼要处理，既有昨天遗留的问题，也有今天新出现的问题。

但我们如何醒来（睁开眼睛后那最初的、宝贵的几分钟，在某些情况下也许是不情愿地睁开眼睛），对一天中余下的生活有着巨大的影响,事实上,这对我们从压力中恢复的能力和生理机能也有很大的影响。如何结束一天也是如此。把这两段短暂的时间想象成书挡,一边是早上的第一件事,另一边是晚上的最后一件事,它们勾勒并囊括了你的日常经历。这些短暂的时刻至关重要,决定了你在一天开始之前如何调整,以及在一天结束时如何放松,如何反思这一天的经历,回顾你选择去关注和强调的事。

起床迎接新一天的方式,决定了你对压力源的反应。放松入睡的方式则影响了你的睡眠和恢复。这些你在一天开始和结束时所做的选择,可能会影响线粒体的机能,而线粒体是细胞的"电池"。这些选择会让你在生活中体验到更多的快乐。我们今天谈论的主题就是快乐,因为你在一天中拥有的快乐越多,感受到的压力就越小。

快乐的剂量

我们知道,体验到更多的快乐(不是那种短暂的快乐,而是我们所说的"良好的生活"*,或"意义型幸

---

* 原文为 eudaemonia,来自希腊语,指理性而积极的生活所带来的幸福。

福",）抗压能力就会增强，原因很简单：我们感觉不到那么多压力了。我们不必费力去应对压力，也不必努力快速恢复；我们从一开始就根本不会注意到压力。我们对压力免疫了。

在本书的开头，我们谈到很多压力都来自不确定性，来自对可能发生之事的恐惧，害怕未知，害怕我们精心制订的计划会出岔子。对此还有另一种看法，那就是我们的大部分压力源于爱。我们感受到压力是因为我们在乎。爱驱策着我们，是生活中重要性仅次于恐惧的另一股力量。我们感到压力和担忧，是因为我们在意所爱的人，很想把工作做好，关心我们生活的国家和星球。我们太过在意，又有太多的事情可能出错，所以才这么容易感到自己在下沉——好像压力太大、太多，我们难以承受了。

软件工程师、谷歌领军人物陈一鸣对此有一个美丽的比喻：生活就像坐在一条小船上。船在海上乘风破浪，但它一直浮在水面上！船只有进了水才会沉。如果你的小船正在下沉，问题不在于水本身。水一直存在，问题在于船内进了水。

我们都被压力和痛苦组成的海洋包围着。它会一直在那里，我们不可能把这片海洋抽干，也完全不必这么做。问题不在于海洋，只有当海水进了船里，问题才会出现。那么，我们怎么才能拥有抗压能力？怎样才能把水挡在外面，不让自己沉没？

这是一个严峻的问题。有些日子很难熬，就像我们整天都在把小船里的水往外舀，让船勉强浮在水面上。谈到个体的抗压能力，有许多因素在起作用。其中一些因素是不可控的，比如基因、过去的经历及其对我们的影响、我们所处的社会经济环境等等；但另一些因素是我们可以改善的，比如心态，以及应该把注意力放在哪里。在这本书中，我们已经看到了一些证据，证明某些干预措施可以改变压力反应，帮助我们更好、更轻松地漂浮，而研究表明，针对培养抗压能力一事，最有效的措施之一就是关注快乐。具体来说，就是关注生活中积极的事物，集中注意力去创造积极的未来。

道理很简单，背后却有着科学支撑：快乐会让你的船浮起来。

今天是我们练习的最后一天，我希望它会成为最有趣的一天。快乐是今天的重点，我们将通过几种方式来获得快乐。这些方式有大有小，都能带来真正的快乐、提高生活满意度，它们能缓解压力，让我们的船真正漂浮在海上。我将和你分享一些小事，你可以很容易地将它们融入生活,以激发快乐,而这些小事将产生长远的影响。我们的练习时间将集中在一天的两端,也就是醒来后的最初几分钟,以及入睡前的最后几分钟。

把这些时刻想象成一天中的"压力点"。如果你知道该在何时努力,你的整个神经系统就会自然地做出反应。

"压力习惯"和幸福

在实验室进行的一项压力研究中,我们每天给实验对象发两次短信,让他们在手机上填写调查问卷,早晚各一次。我们想要了解他们醒来时最初的想法,以及入睡前最后的想法。

早上的问题是这样的:

- 你对今天有多少期待?
- 你对今天有多少恐惧?
- 你感受到了多少快乐或满足?
- 你感受到了多大程度上的担心、焦虑,或有多大的压力?

在一天结束的时候，我们再次向他们提问：

- 今天发生在你身上压力最大的事情是什么？
- 事后你会多频繁地想起它？它在你心中逗留了多久？
- 这件事是交通拥堵之类的小麻烦，还是和伴侣发生冲突这样的大问题？
- 今天发生的最积极的事是什么？
- 你有没有把发生在自己身上的一件好事告诉别人？

我和团队从这些调查中获得了非常丰富的数据。调查结果揭示了人们的"压力习惯"——我们使用这个称呼，是因为虽然每天的情况各不相同，特别是涉及随机发生的事件，但事实证明我们每个人都有习惯的思维方式：如果某一天我们醒来时感觉很积极，那么很可能在大多数日子里也是如此。

将实验对象提交的调查结果与客观的实验室生理数据结合起来，就可以看出一些人如何创造了更积极的情绪，以支撑自己成功扛过一天的压力。针对日常情绪，特别是艰辛日子中出现的情绪所进行的研究表明，低水平的积极情绪（或高水平的消极情绪）预示着长期健康状况不佳，如患有抑郁症、心脏病，甚至会导致死亡[1]。在另一项研究中，那些在实验中经历压力后仍保持积极态度的人，在接下来一年里患炎症的概率较低，患抑郁症的可能性也较小[2]。这与我们在第三章中讨论的面对压力的积极反应是一样的：视之为挑战，拥有信心和希望。

在感受到积极的情绪（从满意和满足，到社会归属感，再到感官愉悦）后，我们可以立即从压力中解脱出来。就像走进深绿色的森林或练习缓慢呼吸一样，快乐对身体有生理上的影响。快乐可以缓和压力，降低压力的影响[3]。对于患有慢性疾病的人来说尤其如此，因为他们很容易让压力掩盖生活中积极的事情。

快乐对认知也有明显的影响。换句话说，它可以影响大脑运转的方式，尤其是注意力。积极的情绪（如快乐、幸福、满足、轻松）是一种解毒剂，能让我们远离思维反刍——人类的大脑常常会陷入思维反刍，收缩注意力，从而忽略其他。快乐和幸福拓宽了我们的注意力，增强了适应能力和应对能力，让我们拥有强大的心智去转换看待问题的视角，而非僵化地抓着问题不放[4]。转换视角需要精神发挥作用，告诉自己哪怕处在糟糕的情况下，也要怀揣一线希望。这需要良好的认知能力才能完成，例如在疫情封控期间，你足不出户，感到心烦意乱，为了摆脱这种情绪，你对自己说，孩子们长得太快了，我一直都盼着能有更多的时间陪伴他们，现在总算能做到了。那些声称自己有更强烈幸福感的人，往往都拥有比较宽泛的注意力和精神空间来制造这样的心态转变，而这可以提高满足感，甚至抵消更多的压力。积极、快乐的情绪会缓和我们对下一个压力事件的情绪反应[5]。它还会带给我们更多认知上的好处，即更有创造力，可以更好地解决问题，更容易与他人交流[6]。

拥有积极的心态甚至有益健康：它能抗炎，缓解压力的负面影响，所以即使是经历了重大逆境的人，在建立积极的心态后，也不太可能患上严重的全身性炎症[7]。更高剂量的积极情绪甚至可以预防普通感冒，对你的免疫力大有好处[8]！一项针对健康和其他因素的综合分析发现，积极的心态可以延长寿命[9]。你拥有的积极情绪越多，寿命就越长。

幸福和快乐背后的原理非常清楚：它们对精神、身体和抗压能力都有好处。那么我们怎样才能得到更多的幸福和快乐呢？

幸福是追不到的

耶鲁大学最受欢迎的课程是什么？幸福课。伯克利大学呢？幸福课。哈佛大学呢？幸福课。这些课程有不同的名字和侧重，但都聚焦于构成幸福的元素。密歇根大学讨论的是幸福的意义。而斯坦福大学呢？史上最受欢迎的课程讨论的是……压力！这门课真正的名称是"行为生物学"，教授是压力研究领域的领军人物罗伯特·萨波尔斯基博士。正是在上过这门课后，我转而探究生活，以便更好地理解痛苦和爱，并思考如何更好地生活。在课上，我了解到，我们和穿着衣服的猴子并没有什么不同，生存本能是由神经系统、激素、神经递质和其他我们不知道或不想知道的无形影响力所驱动的，但是，我们也可以超越自身的生理特性，过上有意义的精神生活。

但这里有一个悖论：幸福是消解压力的良药，但你是不可能"寻找到"幸福的。如果你说"我的目标是得到幸福"，那么研究表明，你实际上更有可能得到相反的结果。在哈佛教授幸福课的泰勒·本-沙哈尔这样形容"追求幸福"的谬误："你不能直视太阳，但你可以吸收它的光线。"这很讽刺，因为在美国，"追求幸福"实际上是一句出现在了《独立宣言》里的话，但调查显示，主动追求幸福的人、过分看重幸福的人，或者相信自己在大多数时候都应该感到幸福的人，往往都是最不幸福的人。

积极的情绪非常强大，但是我们不能直接追求幸福。必须了解是哪些因素创造了幸福。

本-沙哈尔博士用"SPIRE"一词来指代幸福的成分，其中的五个字母分别代表精神（spiritual）、身体（physical activity）、心智（intellectual activity）、关系（high-quality relationships——换句话说是深刻的人际关系而非泛泛的交往）和情绪（positive emotional experiences）。这些成分涉及生活的许多面向，我们不可能在一天内就解决所有的问题。但我在此提出这个概念，就是为了提醒我们注意持久的幸福究竟来自何处，而这有助于我们识别那些已经存在于日常生活中的幸福元素，以及那些我们可能错过并想要重点关注的元素。追求抽象的幸福概念毫无意义，我们可以有意识地将自己置身于这些具体元素中，打造收获未来长久幸福的基础。当我们能够将注意力集中在我们已经拥有的一些体验上时，满足感就会增强。满足是一种持久而坚实的幸福感，而且往往更容易获得：我们任何时候都能体会到知足常乐带来的幸福感。

快乐要从内心获取

真正的快乐既买不到,也不能从外部获得,它来自我们的内心。在西方文化中长大的人可能很难相信这一点,毕竟这与社会和媒体灌输给我们的信息正好相反。

几年前,在瑞士达沃斯举办的世界经济论坛上,我有幸加入了一个小组,指导成员进行压力恢复静修。达沃斯论坛是全球金融集团的年度盛会,有高调的公开演说,也有很多讨论收购、合并和其他影响全球经济计划的幕后会议。在一间安静的滑雪小屋里,阿尔卑斯山的风景一览无余,与紧张忙乱的会议中心相去甚远。一位老师说:"真正的快乐不是通过成就和物质就能获得的,它存在于这里(他指了指自己的心)。它存在于每个人的内心之中,等着我们更充分地发现,并将之展现出来。"

听众中一个男人举起了手。他使劲摇了摇头,说:"不,不,不,我们最重视的就是成就。实现了目标,我们就能获得满足。我们真的很喜欢物质上的收获,这给我们带来了幸福。"

听了这话,有些人点头,有些人摇头,但整体来看,每个人的注意力都集中在了一件事上。房间里安静了下来，这件心照不宣的事已经被摆在了明面上。

老师高兴地笑了，他向提问的男人走近了一些。

"我看到过一则新款苹果平板电脑的广告。"他说，"在这则广告中，拿着平板的男模特是如此迷人、年轻和强壮。他拥有平坦结实的腹肌，我想像他一样，所以我也买了平板电脑。拿着它的感觉真好，我觉得自己的肚子上都是腹肌。但当我低头一看，我的肚子还是又圆又软！"

他揉了揉肚子，笑了。大家哄笑起来，卸下了心防。

"后来我的平板电脑坏了。闪闪发光的新平板电脑坏了，我的幸福感消失了。"

这是一个简单的故事，甚至可以说是一则寓言。掌控和实现目标可以让我们感觉良好，但这只是暂时的。它是通往幸福和人生目标之路的一部分，但我们必须看到大局。我们不能总在追求更好的东西，认为只要赚到了很多钱，或者得到了某样东西（比如平板电脑、房子、汽车，甚至是某份工作），就能幸福快乐。总会有新的东西出现。更好更大的东西层出不穷，总有比我们更成功的人，总会有另一个目标远远超过我们刚刚实现的目标。正如本书先前所说，我们不能让幸福取决于不可控的外部世界。我们可以雄心勃勃，可以重视成就，但不要把幸福和自我价值过多地与我们接下来要做的事挂钩。有一件事大大出乎了人们的意料：获取幸福的最佳方式之一就是接受消极或令人不悦的情绪，与它们和平共处。

让我们回忆最近一次感受到压力的时刻，并通过记忆重新体验，注意它给身体带来的感受。然后，不要试图赶走这些负面情绪，而是要以宽广的胸怀、温和的方式进行探索，接纳并欢迎任何情绪。可以称这些负面情绪为"友好的怪物"，因为这些带刺的来访者带给了我们洞察力和智慧。通过坦然面对并识别出负面情绪，你就能软化它们。你甚至可以接受它们，并对它们的存在心怀感激。在神经科学中，有一种与之类似但更为简单的应对方式，叫作"给情绪贴标签"：你要用语言描述自己现在的感受，比如恐惧、尴尬、嫉妒。当我们不去抵抗或逃避负面情绪，而是去面对它们时，就消解了激活它们的力量。随着负面情绪逐渐消失，我们的心理状态会从红色变成黄色，最终变成绿色。此外，研究表明，我们感受并描述出来的不同类型的情绪越多，抗压能力就越强，出现炎症的概率也越低[10]。像生物多样性一样，情感多样性往往指向了适应性更强的生态系统。说出各种情绪，有助于增加这种多样性。

这里的重点是，要想得到幸福，不能光靠追求物质带来的满足，抑或是逃避痛苦和压力。有效的做法是，关注喜悦和知足。

平衡快乐和幸福

感官愉悦和幸福对我们的身心健康而言都很重要，但感官愉悦稍纵即逝。我们经常从消耗性事物（食物、性、消费、获取）中获得愉悦，这些事物带来了多巴胺刺激，让我们拥有美妙的体验。多巴胺刺激的感觉是那么好，我们想再次寻求这种经历，但这对我们长期的幸福来说并不总是最优解，因为消耗品带来的快乐不会持久。哪怕某件事带来了强烈的幸福感，我们事后也会很快落回到平时的幸福水平上。另一方面，我们也可以相当快地从悲剧事件中恢复过来。我们称之为"享乐适应"。可以看到，甚至是那些中了百万美元彩票或是突然瘫痪的人，其幸福值都会在几年后回到基线水平。

需要明确一点：感官愉悦并没有错！洗个香薰浴、品尝美味的食物、享受按摩、听音乐，都是人类丰富多彩的生活中不可或缺的部分，它们也能减轻压力。沉浸在感官享受中，是重新校准神经系统的好办法。另一个有力的例证是性,这是大脑连接愉悦通路最神奇的方式之一。研究表明,性活动往往有利于心血管健康,还能缓减压力,例如在性高潮或身体亲密接触时释放的"爱情激素"——催产素可以降低血压。在针对育儿的研究中,我们发现性生活较为频繁的夫妇细胞端粒往往更长,代谢过程也更健康。

各种诱人的沉浸式感官愉悦体验都能带来快乐,或微妙或强烈,或平静或狂喜。比如刚出炉的巧克力曲奇饼干的美妙味道;夏日夜晚坐在户外,微风轻拂皮肤的轻柔触感;洗个舒缓的热水澡。我们在这些时刻停留得越久,越专注于欣赏和体验,感受到的快乐就越多,进而可以更好地消弭压力。

我们绝对应该鼓励自己去欣赏和品味这些充满感官快乐、深入身体、沉浸于当下的时刻。与此同时,我们也应该提醒自己,享乐主义的快乐,即通过消耗或获得享受体验而得到的快乐,不仅短暂还很无常,不断地寻求这种快乐并不能给我们带来更持久的满足感和成就感,而这两者才是真正幸福的基础。事实上,过度追求感官愉悦会让我们痛苦,这或许也是许多瘾癖的根源[11]。它让我们坐上了高低起伏的过山车——我们的确会经历高潮,但随之而来的低谷也不可避免。

从过山车上下来

一项密切关注情绪动态的新研究表明，比起剧烈波动的积极情绪，稳定的情绪更有益健康。即使你有很多"高潮"时刻，事实证明，你在一天中经历的积极情绪波动越多，你就越痛苦，心理健康状况越差[12]，迷走神经张力也越低[13]。经常出现高低起伏的积极情绪，甚至会造成死亡提早到来[14]。

因此，我们现在的目标并不是攀上高峰！有高峰就有低谷，大起大落会让生活变得十分艰难。我们所追求的是一种持续存在且程度足够的积极情绪，它来自更稳定的快乐源，比如满足感和平静感。科学表明，这些情绪对消除日常压力非常有效。

我们的目标是获得意义型幸福，这需要我们学会知足，对生活感到满意，并充满了使命感。这种幸福植根于你与他人的关系和联系，最重要的是它可以长久存在。享乐型幸福是通过感官愉悦和享受而获得的幸福，是随多巴胺的释放产生的，但意义型幸福由血清素调节[15]。它是长久的幸福，不容易受到有时大起大落的感官享乐的影响。

我们都想拥有美好的感觉。我们想要培养的，是那种稳定而积极的低唤醒情绪*。这样的情绪可以获得，又可以长久存在……并且对身心都是最有益的。

听起来不错，但应该从哪里着手？

通往长久幸福的道路有很多。我是美国国立卫生研究院"情感健康研究网络"小组的一员，我们的第一项工作是给情感健康做出一个普遍认同的定义。这不是一件容易的事，我的同事们都是幸福领域的资深专家，他们花了好几个月的时间才达成了一致。小组汇集各种观点，最终得出了一个结论，尽管它仍在不断发展完善中：情感健康非常复杂，包括我们当下的一般感觉，以及对生活的整体感受。它既有经验特征（比如我们日常体验的情感质量），也有反思特征（比如我们对生活满意度、社会关系和意义的看法，以及我们追求超越自我目标的能力）。因此，快乐的感觉只是组成整体幸福的一个重要部分。

提升以下任何一方面，都能增强幸福感：

- 留意让你感到满足、快乐或感激的时刻。

---

* 低唤醒情绪：生理唤醒度较低的情绪，会让人心跳放缓、血压降低、抑制行为。积极的低唤醒情绪包括满足、放松等。

- 拥有积极的社会关系。
- 每天醒来，都对生活抱有使命感。

我想在这里强调一点：无论环境如何，我们每个人都能感受到快乐。还记得我的朋友布莱恩吗？我在本书开头提到过他。年轻时，他被征召入伍，被派到了地球上最荒凉、最不适宜居住的地方之一。他远离了家人，每天都处在挣扎求生的状态。他担心再也见不到亲人们了。极寒的天气、艰苦的工作，以及他奉命执行枯燥任务，都给他带来了深深的困扰。

但是，一旦彻底接受现实，知道控制不了自己的处境，他就能更好地应对了。他不再去试图改变自己无法改变的事，还从中学到了宝贵的教训，知道该把精力放在哪里，以及如何在艰难时期保持抗压能力和沉着冷静。现在，面对压力或可怕的意外，他不会试图改变他无法改变的事，让自己处处碰壁。他很清楚该在什么时候寻求转机，该在什么时候适应和接受。这是一种宝贵的技能，我惊讶于他在这方面竟如此擅长！但布莱恩真正让我吃惊的是他获得快乐的能力，即使在最不确定、压力最大的时候也是如此，他似乎有无穷无尽的办法来得到快乐。他告诉我，多年前，在漫长的服役过程中，一旦他接受了自己的处境，就能找到高兴的时刻。即使是以前从不会让他高兴的小事，也开始给他带来极大的快乐。在每周唯一的休息日，他会出去散步，为能够做自己喜欢的事感到无比的幸福，而在从前他一直认为这些事是理所当然的。他可以走进一个小集市，看看那里的美食，买点喜欢的食物，并陶醉在美味当中。他可以停下来和街上遇到的人聊天，哪怕只是简单地聊几句天气。就算只是和陌生人闲聊片刻，他也能体会到翱翔天际般的美好感觉。经过了一周漫长严格的日常训练（没有丝毫感官娱乐，还要忍受恶劣的环境），每一份小小的快乐似乎都被放大了：更响亮、更明媚，也更美好了。

布莱恩如今在旧金山过着舒适的生活，再也不必在北极苔原上努力求生了，但他保留了这种"放大"生活中微小快乐的能力，对那些原本可能与他擦肩而过的时刻和经历，他心怀感激。他知道这些都很珍贵，是推动他生活的能量。

我不会假装人人在生活面前都是平等的。当然不是，有些人不得不走比其他人艰难得多的道路。不过，这条路上总会有一些美丽的风景。的确，有些人走的是康庄大道，两侧遍布最迷人的景色，他们却只注意到自己必须跨过的小坑洼，而另一些人虽然在崎岖不平、布满岩石的上坡路上艰难跋涉，却因为在岩石间发现了一朵盛开的花而无比高兴。我们越像后者，抗压能力就越强，而这是有科学证明的。

演员金·凯瑞曾经说过："我认为每个人都应该名利双收，实现他们梦想中的一切，如此他们就会明白，这并不是答案。"名誉和财富不会自动带来幸福，但许多人依然锲而不舍地追求着这两者。从文化上讲，在我们认为能带来幸福的事物和真正能带来幸福的事物之间存在着一条鸿沟。健康和安全的基本需求必须得到满足，但一旦被满足之后，研究表明，哪怕你的收入继续增加，也不能提升幸福感。

我们根本买不到快乐，但每天都能找到它。

捕捉快乐：从小事做起

加州大学河滨分校的索尼娅·柳博米尔斯基博士是幸福研究领域的先驱之一，进行有关幸福的实验已有30年之久。她的研究结论之一是，虽然"幸福水平"在一定程度上是由遗传基因和生活环境决定的，但很大一部分都在我们自己的控制之中[16]。她的研究表明，人可以通过有意识的日常行为显著地提升幸福感，并长期保持这种提升。还有一个好消息：我们不必为了寻找更多的快乐而在生活中做出翻天覆地的改变，小事也能带来不同。要提升幸福感，最好的途径之一就是做出饱含善意和同情的小举动。一项研究对比测试了"为他人做好事"和"为自己做好事"的效果，结果发现，能减轻压力并增加积极情绪的，是"为他人做好事"这种亲社会行为，而不是"为自己做好事"[17]。在此基础上，柳博米尔斯基发现，善良的行为能降低炎症基因表达[18]。为别人做好事，不光于他人有益，还能减轻你自己的压力，对你的身体也有好处。

人际关系对健康和幸福很重要，事实上，我们与伴侣、家人、朋友的紧密联系是获得稳定的意义型幸福的重要因素之一。在此过程中交换的积极情绪构成了魔法的一部分。研究人员在实验室里观测了夫妻处理冲突的方式，他们发现，在冲突中，那些在同一时刻表露出积极情绪的夫妻，神经系统的反应是同步的。他们越是表现出这种同步状态，所拥有的人际关系质量就越高、越健康，即使多年后也是如此[19]。良好的人际关系向来都预示着健康和幸福：拥有高质量社交、家庭或婚姻关系的人往往更健康、更长寿[20]。

积极的情绪有着强大的影响力,有时,人际关系中微不足道的互动才是最重要的。即使是与陌生人短暂的互动也能带给你积极的能量与活力。微笑可以是快乐的源泉!真正的微笑就好比是在大脑中举办了一场小型派对:大脑通过释放内啡肽等让你感觉良好的化学物质,回应你微笑时面部肌肉的运动。就像呼吸可以"自下而上"影响神经系统一样,微笑也可以。微笑可以加深快乐[21],这被称为"面部反馈假设"。正如一行禅师所说,"有时你是因为快乐而笑,但有时笑也可以成为你的快乐源泉"。

就像呼吸可以影响神经系统活动、微笑可以影响情绪一样,早晨也可以影响一整天,尤其是我们一天之中的抗压能力。这里说的"早晨",其实指的是睁开眼睛后的几分钟。

早晨与你的线粒体

在本章开头,我要你回想早上刚醒来时你在想什么。随着纷乱的头脑进入清醒状态,你都想到了什么?

- 现在几点了?

- 我该去哪里，什么时候去？
- 今天要吃什么？

有时，我的思绪会直奔当天要开的第一场会议或第一件要完成的事，但之后我会调整方向。醒来后那段短暂的时间是一个关键期，可以影响我们的一天。在这个时刻，身体会调整压力和能量系统。醒来时，甚至在醒来之前的片刻，当我们下意识地期待着新的一天时，肾上腺会在血液中产生皮质醇反应。皮质醇能调动葡萄糖，供大脑进行预测（因此它被称为糖皮质激素）。如果今天是个大日子呢？最好能出现皮质醇峰值！在我们有巨大的需求、确实需要血液中充满葡萄糖的时候，这就是有益健康的！在我们醒来的大约30分钟后，皮质醇水平达到顶峰，这个峰值会持续很长时间。

对于清醒时的皮质醇水平，一个重要的影响因素是工作压力。过劳是个棘手的话题，但我们需要好好讨论它：如果我们在工作中长期面对很高的要求和责任，但很少得到支持和尊重这样的回报，那么我们最终会出现研究人员所说的"努力回报失衡"，这是一种工作倦怠。这种情况下，我们醒来时的皮质醇水平往往很高，甚至出现爆表，恢复过程则很缓慢[22]。精神上过度投入工作时，情况尤其如此，而我们对"过度投入"的定义并不像这个词语听起来那么好。过度工作无关奉献和目标，而是满脑子想的都是工作，根本停不下来，也就做不到解脱和放松。过度投入工作还会导致睡前皮质醇水平较高，而睡前是我们需要格外留意的另一个关键时期。

照护患病亲属的人也会遭遇这种苏醒时备感警惕的情况。由于所处环境的影响，他们特别容易受到"提前跳跃式思维习惯"的影响，也就是计划、预测和担心。我们选取了一些身体健康、有子女的中年实验对象，采集了其血液样本来观察细胞的年轻程度。与此同时，我们还观察了他们在醒来后和临睡时的思维模式：这是一天中非常重要的两个"书挡时刻"。我们比较了需要照顾患病子女的父母（他们的孩子被诊断为孤独症）和正常孩子的父母。虽然所有需要养育年幼子女的人压力都很大，但照顾患病子女的人细胞衰老速度更快，皮质醇水平也更高。不过现在，先让我们来说说很有趣的一点。

对于需要照护患病亲属的人，如果他们醒来时就感到积极和快乐的情绪，声称在照顾亲人的任务中体会到了使命感，在必须完成的困难任务中找到了意义，对全新的一天充满期待，那么，他们的细胞老化过程就会更健康，醒来时的皮质醇水平也比较低。他们的心态以快乐为导向，而这也表现在他们的身体上。他们的抗压能力更强。我们发现，如果人们醒来时对新的一天感觉积极，或者以积极的情绪结束一天，他们的线粒体活性水平会更高，"抗衰老酶"端粒酶的水平也更高。

线粒体被称为细胞的"发电站"。它是我们细胞中的电池，可产生一种叫腺苷三磷酸的物质，为所有必需的细胞活动提供能量。在我们年轻的时候，线粒体很大、很结实、运转高效，随着时间的推移和年龄的增长，它们开始出现更多的氧化应激。它们越衰老、越脆弱，氧化应激产生的压力就会越多地泄漏到我们体内，所产生的能量也会减少。这是一个重要的身心连接点：照顾患病子女的人线粒体质量普遍较差，从生物学角度看，他们的线粒体缺乏能量和活力，但如果他们怀有积极的情绪，线粒体质量就会很高，与子女正常的人无异[23]。由此可见，积极的情绪会在他们周围形成保护盔甲，抵御压力，甚至可以保护细胞。

你的任务：完满开始，完满结束

一天的开始为你提供了一个校准神经系统的绝佳机

会。就像捏塑手中温暖的黏土一样，当你把注意力转移到你所拥有、所爱、所期待，能让你兴奋和感兴趣的事情上时，你就可以塑造每一天。这些事情可以很简单，比如去期待你在厨房里享用的第一杯咖啡，或者摸一摸自己的宠物。

一天结束的时刻对我们的影响也很大。上床睡觉的时候，我们都不希望脑海里残留一天中太多的杂乱思绪和负面情绪。我们需要放松，让自己得到恢复，这样才不会在无意识的压力下度过夜晚。在今天的练习中，我要求你在睡前尝试做一个简单的仪式，从而改变你的思维方式，打开你对身体和环境的感觉通路，并向身体发出"可以放松"的信号。

在补充练习中，我会要求你留意今天感受到的微小快乐。我们在这本书中做的所有练习都非常重要，你一直在学习的这些技能将帮助你减少压力源被触发的次数，但快乐的美妙之处在于，一旦它增加了，你甚至不需要去减少压力。这是因为压力源根本就没有被触发：压力阈值提高后，压力就很难"爆发"了。

意义型幸福的神奇之处在于它能增强抗压能力，能让你在精神和情感上储备丰富的能量。压力源之所以能触发威胁反应，是因为我们没有设法完成适当的"心理鉴别"：如果视角很窄，我们确实会将某些事情视作威胁，但如果从更长远的视角来看待，我们就会发现事实并非如此。没有必要恐慌。我们不需要制造强烈的威胁压力反应。快乐和感恩给了我们储备能力，给我们的电池充了电，让我们有了坚实的基础，此外还帮助我们拥有了更广阔的视角，让我们以健康的心态看待挑战，保持灵活性和抗压能力。

所以今天，我要求你在醒来时和入睡前带着感恩的心态，专注于对你有意义的事。早上，要关注你所期待的事；晚上，则要回顾你所经历的所有快乐和满足的时刻。即使这一天很难熬，只要仔细观察，你仍能找到这些时刻，而且花时间关注它们很可能会让第二天更加美好，因为我们能够以更强的抗压能力、开放的心态，快乐地迎接它。

> 今日练习

"幸福书挡"

研究表明,感恩练习是改变心态的最有效方法之一。即使对高中生来说,每周 10 分钟的感恩练习(给教练、老师或朋友写信,表达对某件具体事情的感激之情)也会增加联系感和对生活的满意度[24]。感恩能对抗享乐适应,享乐适应指的是在带来感官愉悦的事情过去后,我们很快就会落回到正常的情感或情绪基线水平。我们可以通过密切关注生活中或大或小的积极因素来对抗享乐适应,如前所述,一天的开始和结束之时是做这件事效果最好的时机。你可以将这两个时刻视为"幸福书挡"。今天的练习包括两个部分,即晨间练习和晚间练习。

晨间练习

早上醒来——在你尚未起床、尚未拿起手机、尚未做任何事时，抽出 5 分钟为今天做个积极的规划。你也可以从床上起来，好让自己更为警觉。让自己缓缓地清醒过来，慢而轻地呼吸，迎接新鲜的一天。在三次有意识的呼吸后，问问自己：

- 今天有什么值得我期待的吗？
- 我要感恩什么？

答案可以是"我期待喝一杯浓咖啡"这样的小事。"我很感激伴侣帮我买了食物，让我今天有了更多的私人时间。""我很高兴今天能与我在乎的人共进午餐。"对一天的方方面面都心怀期待，是用积极的"枕头"来缓冲日常压力的好办法，切忌把精力花在计划或担心可能出现的困难上，那只会让你感觉到难关重重。正是这些每天出现的积极小事叠加起来，鼓舞了我们的精神，真正影响了我们的心理健康。

如果你一觉醒来就在想今天需要做什么，待办事项在脑海里不断累积，那也没关系，不要担心。这是自然默认的思维模式。试着提醒自己一天中有哪些需要关心的事，哪些事对你很重要。让自己更深刻地感受到一天的目标，提醒自己为什么某些任务很有意义，可以缓解我们的压力，甚至延年益寿。

即便你在这个过程中接了电话，也不会搞砸！把你觉得必须做的事都做好，然后放下手机，花几分钟的宝贵时间来设定一日的"积极轨迹"。

晚间练习

躺在床上后，花 5 分钟做快乐练习。你的任务就是让今天发生过的最好的事情充满大脑。

- 今天有什么令我感激的事？
- 今天发生了什么超出预期的事？
- 今天有什么事让我微笑或感觉很好？我今天让别人笑了吗？

再微小的事也可能产生强大的影响力。即使是艰难的一天，也要回想一下那些不起眼的时刻，比如与你关心的人拥抱、与店员友好互动、与同事一起欢笑。或者是看到了一朵美丽的花、对毛茸茸的宠物的爱。

最后，要记住一点，思维是循环的，经常陷入反刍。在一天结束的时候，要利用这一点，而不是与它对着干。今晚入睡前仔细思考一下以上问题的答案，让脑海里充满今天带给你快乐的时刻，充满想要多重温一会儿的画面。让身体感到满足和放松。这就是我们的"完满结束"。

【附加分】

让"幸福书挡"成为家庭中的大事！试着在晚餐时询问家人晚间练习中的问题，让每个人轮流回答。

延长睡前的放松时间，这样效果会更好。睡前一小时是关键的时间段。这是你进入高质量睡眠的开端，睡得好则有助于第二天减轻压力。安静地度过这段时间，创造一个安全、对外隔绝的空间：列出明天的任务清单后就关掉电子设备。如果喜欢，可以做一些身心活动，比如瑜伽、伸展运动、呼吸训练，或者听一些舒缓的音乐。现在你感觉放松了，这是练习感恩的理想时机，甚至可以让你更快入睡，或者进入深度睡眠，这种睡眠可以让大脑得到很好的恢复。

想要在今天收获更多的"积极余额"，就想想明天你能为别人做的一件小事。社会关系给我们带来快乐。与他人交谈或为他人做一些好事，比如一起欢笑、闲聊，让他们感到受人关注、有人倾听、不那么孤独，那么这些小事就会在我们自己和他人身上产生积极的情绪。你可以对任何人这样做，而不仅仅是对你认识的人。对陌生人的善举是可以带来巨大影响力的小奇迹，深具情感感染力。

有时，当我为别人做了一件小事，就会不由自主地想起家人遇到过的小小善举，这些事产生了巨大的连锁反应，往往是做事的人预料不到的。19世纪末，我的曾祖母还是个孩子，她是个没有合法证件、独自上路的难民。半路上，她想登船前往一个安全的地方，结果一位检票员拦住了她。这时，一位旁观者劝检票员让她通过，犹豫了一会儿后，检票员便点点头，挥手让她上了船。检票员也许再也没有想起这件事，又或许想起过。我希望他能从这一桩小小的善举中得到一些快乐，因为如果他没有这么做，我就不会存在。我已故的婆婆幼年在逃离德国时也有过类似的经历。如果不是检票员起了怜悯之心，明明看到她的护照过了期还让她上船，我就不会遇到我丈夫，我儿子也就不会存在了。想起很久以前这些陌生人的小小的善举，我常常心怀感激，又深觉惊奇。

也许今天你可以找到机会为别人做点好事。

【疑难解答】

· 如果你最近都不快乐，并且不知道该去哪里寻找快乐……

问问自己这个问题：什么事能给你带来快乐？快乐来自你所欣赏的东西，或者你在一天中发现的小小奇迹。不要只问一次，否则你就得不到完整的答案。要问自己八次，每次都尽可能快地回答。当你需要有效地寻回快乐时，就可以使用这个策略。切勿犹豫，写下你想到的第一件事，然后再问自己一遍。快速回答可以绕过内心的审查。给思维来一个措手不及，看看你会发现什么！

什么事能给你带来快乐？ _____

_____

什么事能给你带来快乐？ _____

_____

什么事能给你带来快乐？

什么事能给你带来快乐？

什么事能给你带来快乐？

什么事能给你带来快乐？

什么事能给你带来快乐？

什么事能给你带来快乐？

一遍又一遍的快速提问，让你不太可能有机会准备、判断和思考什么样的回答是"正确"的，这样才能挖掘出真正带给你快乐的东西。在静修时，我们会让学员结对，互相问对方这个问题。当人们一遍又一遍地被提问时，他们并不知道自己会说出什么。这是重大发现！他们找到了自己并未意识到的答案。如此一来，他们往往能够明白，可以在以前忽视和未看重的小事中找到快乐。

这个练习能带来不可思议的转变。随着能量值提升，房间里的每个人几乎都露出了微笑。他们一直在聊天，不愿停下。我们在练习结束时告诉他们："好，把你们的发现写下来。现在你们的注意力将会更多地转移到快乐的时刻上了。"

·经历了极其糟糕的一天……

试着问自己这些问题：这些坏事有好的一面吗？有人对我很友善吗？我从中得到了什么教训？

如果你正面临严峻的挑战，那可能很难从中看到任何积极的面向。然而，我还是鼓励你试着从一天或一周中找到一件积极的小事，并将注意力集中于此，好好品味它。我们知道，假如你患有严重的抑郁症，可能很难会马上感觉好起来。抑郁情绪沉重如山。所以，与其等到感觉好了才去做那些让你快乐的事，不如反过来：安排一些让你感觉良好的小活动，哪怕你怀有消极的想法和感受，也要坚持做完它们。这有助于带来积极的影响，缓解抑郁。

低迷的状态不会永远存在。在艰难的时刻，我会借助一些我最喜欢的名言来提醒自己：每一朵乌云都镶着金边。乔安娜·梅西说："分崩离析并不是一件坏事。事实上，对于成长和心理转变来说，冲破外壳获得新生，是重要的一步。"简·赫斯菲尔德则说："要想得到，首先必须失去一切。"

我们在逆境中成长，并收获了更多有意义的东西，比如人际关系、个人的力量和智慧。但这需要时间，对你来说，如何度过一天是你应该为自己设定的门槛。首先要对自己心怀怜悯。用最大的温柔和善意对待自己，就像对待最好的朋友一样。

结语 ——————————————————————— Conclusion

更新你的减压处方

本周伊始,我们开始完成一项任务,即在"应急包"里装进你需要的轻便工具,帮助你休息、做好准备并提升抗压能力。日复一日,我们培养了新的"抗压习惯",你练习得越多,这些习惯就会变得越牢固,如此一来,那些对你不起作用的旧模式便会被取代,替换为能让你放松和平静的新模式。我希望你能通过在本周中尝试的工具和策略,消除慢性压力的最大来源,比如不确定的未来和其他不可控之事引起的担忧,对不符合期待的事怀有的遗憾和思维反刍,以及在脑海中独自与这些事徒劳的搏斗。

这是培养抗压能力的关键,事实证明,我们实际经历的是两种不同类型的不确定。未来不可预测,因此我们面临着一种"无法削减的不确定性",而且永远如此。即使在最平静、最稳定的时候,这种不确定性也始终伴随着我们。明年会怎么样?下周呢?明天呢?下个小时呢?"不可知"永远存在。我们都生活在这样的现实中,这是人类境遇的一部分。但最重要的是,我们所处的物质世界和社会也充斥着不确定,一切都在快速变化,都是不可预测的。这是全球性的挑战。

我们正处于历史上一个非同寻常的时期,世界瞬息万变,一切皆不可定。面临威胁的不仅是我们自身的命运,还有地球。现在,事事都给人一种动荡不安的感觉,无论是自然界还是社会,变化似乎都在呈指数级增长。想想我们每天不得不面对的事,比如极端天气和不断加剧的气候危机,政治分歧和政局动荡,极端主义和迅速传播的虚假谣言,一场我们谁也没想到会在有生之年遭遇的疫情,以及更多类似的威胁。

这一切都叫人难以招架,让我们备受挫折。

我在我的研究中以及周围人的身上都观察到了一点:我们正迷失在这种生存危机中,尤其是年轻人。不确定的未来带给我们的威胁比以往任何时候都大。即使是我们当中最坚强的人也深受其害,受尽折磨,就像在难以预测的海浪下逐渐受到侵蚀的坚硬悬崖。我们有时会失去意义、方向和目标，很容易受到绝望和灾难性思维的影响。当我们感到生存受到威胁时，便很难坚持立场，带着希望、坚韧和灵活的态度去面对未来，将之视为健康的挑战。

但我们仍然需要去面对，而且可以做到。我们的子女、社区和这颗星球都需要我们拿出最好的自己，以最具创造性的思维，做出共同的行动。有趣的是，做一些事去修复这个世界，可能是战胜压力的最有效方法之一。因此，为了我们自己的幸福，为了大局的利益，当务之急是更新我们的减压处方，其中就包括"绿色处方"——与自然共处，好好照顾身心，得到深层次的恢复和快乐。我们正在迈向的未来需要我们利用所有的资源，实现共同生存、共同繁荣。拥有了抗压能力和沉着的心态，我们就能更全面地进入一种重要的状态、一种充满可能性的境界[1]，由此，我们可以更容易地打破个人的思维习惯，看到新的可能性。

因此，我们这一周才一直在进行重建和恢复：降低你意识到的和意识不到的压力基线水平，了解如何获得深度休息，最终利用我们所掌握的最为先进的科学，创造更健康的思维习惯。

那么，让我们回顾一下你现在可以使用的工具和策略。

周末盘点：你的应急包里有什么？

在这本书中，你尝试了 7 种新的策略，我希望它们能帮助你感觉更轻松、更灵活，得到更充分的休息和更多的快乐，更容易漂浮在水面之上。现在，在结束抗压训练之际，我希望你能用一种新的心态来应对生活中的压力：

1. 意料之外的事总会发生，这没关系。我可以降低我的期望。我可以向后仰，让身心放松下来，让体验来找我。

2. 我可以放下那些我无法控制的事。我可以放下多余的负担。

3. 压力可以振奋人心！挑战能激励我，让我充满活力。

4. 我可以在急性压力的状态下放松并将其代谢掉。我的身体喜欢健康的压力反应。

5. 我可以让大自然来重新校准我的神经系统。我是大自然的一部分。

6. 休息是我应得的奖赏。我不会再让自己缺乏放松、睡眠和深度休息。

7.快乐可以缓解压力。我杯子里盛的快乐越多,压力和煎熬的苦涩味道就越能被冲淡。

我们在本书开头说过,压力是水,我们浸泡其中,但我们可以学习一些策略让自己漂浮起来,驾驭压力的波浪,免受灭顶之灾。利用这周学到的技能,你就可以做到。我喜欢这样想:我正在一条陌生的河中,驾船顺流而下。在每一天的生活中,我都有许多选择,比如我可以选择在这个或那个岔口转弯,但水只会沿着一个方向流淌。我不能控制水流,虽然我可以在条件允许的情况下稍稍掌控局面,但我不能划桨逆流而上,那样只会把自己累垮。巧妙地引导自己顺流而下,意味着接受意外,接受出现的任何情况,以挑战的心态应对岩石和急流,控制我所能控制的,然后让自己始终浮在水上就好。我们甚至可以暂停一下,任由水流在身边轻柔地打转。当我们向后仰,转向绿色和蓝色的心理状态,感到轻松和满足时,那就是在向细胞发出强烈的信号,告诉它是时候休息和恢复了。

我们很容易感到不知所措,处在红色和黄色的心理状态中。可一旦意识到事情总在变化,我们无法控制未来,只能尽力而为,我们就能坦然接受所发生的事,找

第1天	第2天	第3天	第4天	第5天	第6天	第7天
接受不确定性 ▼ 释放身体压力	放下那些你无法控制的事 ▼ 压力盘点	在挑战中寻找兴奋感 ▼ 压力防护盾	代谢身体压力 ▼ 激效压力	沉浸在大自然中 ▼ 感官吸收	体验深度休息 ▼ 通过呼吸来恢复	创造"幸福书挡" ▼ 充满快乐地开始和结束
·寻找身体压力 ·捕捉预期和担忧 ·吸气，释放	·简化：我可以删除什么？ ·补充：什么最重要？ ·放下：我能接受什么？	·积极的压力心态 ·重新找到核心价值 ·列出你所拥有的资源，重新建抗压能力	·高强度间歇训练或快慢走交替 ·冷水澡 ·桑拿浴 ·适应不舒服的感觉	·野外 ·城市中的自然景观 ·在家中营造自然的氛围	·"轻、慢、深呼吸"练习 ·4-6-8呼吸法 ·迷走神经呼吸	·留意快乐 ·带着目标度过每一天 ·表达感激之情 ·对人对己保持善意

到隐藏在每一天中的快乐。

现在来快速看一看你的减压处方。你可以看到每种策略所对应的练习,这将帮助你更好地回忆。可以考虑把左页的这张表格贴在冰箱上!

上述训练抗压能力的处方是你应对未知未来的技能包。面对未来的挑战,我们需要冷静、灵活的心态。最后,我们还需要希望。

"积极的希望"会帮助你漂浮在水面上

极端的不确定性摧毁了我们最重要的抗压能力来源,即对人类和未来的根本希望。希望不仅仅是一种感觉,还关乎行动。乔安娜·梅西称之为"积极的希望",根据她的描述,这包括自我照顾和照顾他人。简而言之,就是照顾好自己,腾出时间来恢复,并想办法回馈:做出改变,推动对你真正重要的事情,不管你觉得这件事有多小。这么做对你有帮助,好处还会逐渐累积,最终帮到我们所有人。

梅西每天会用一句箴言提醒自己重新确定目标并调整行动。艰难的时期总是存在的,每日希望箴言是对我们减压练习的明智补充,可以让我们充实地开始每一天。如果对你有帮助的话，你可以编出自己的箴言，又或者你已经从精神信仰或信奉的宗教中得到了这样的良言。我喜欢尝试新箴言，也喜欢去发掘别人使用过的箴言。以下是我在一天开始时最喜欢对自己说的箴言，它源自一位爱尔兰诗人所写的祷词[2]：

> 我们独自开始新的一天，尊重生命的所有潜力和可能性。
> 我们带着希望开始新的一天，知道这一天可以充满爱、善良、宽恕和正义。
> 愿我们腾出空间接纳意想不到的事。愿我们在意外中找到智慧和生活。

积极的希望比抽象的希望更有力量。它毫不脆弱，持久存在，饱含着关爱的行动。它不会轻易丢失，不会受到不确定性和威胁的侵蚀。这是一种具有高度传染性的情绪，因为它会激励其他人做出同样的举动，促进全社会做出变革。这是摆脱压力、痛苦、悲伤、焦虑和愤怒最有效的方法之一。因此，在我们一起度过的这一周即将结束之际，我们要在抗压应急包中增加一个新工具：目标感。

你的应急包很轻，目标感则会让它变得更轻。你可以把目标想象成氦气，它让你步履轻松，激励你前进。

时常抬头看看"北极星"

我们之前谈到过，要在可能的时候删除压力源，尤其是那些我们强加给自己的、认为"必须"去做的事。社会义务可以属于这一类，或者是其他我们为了"跟上节奏"去做的事，它们让我们感到压力，从而在工作和社交中不断增加自己的责任和负担。我们一定要坚持做减法。摆脱些许压力后，我们很可能会拥有一点空间、一点喘息的时间，去思考一些问题：对我来说真正重要的是什么？我愿意把自己的精力花在什么事情上？我的"北极星"是什么？

人们经常告诉我，他们处于"生存模式"。觉得自己的生活一团糟，无法再承担任何事情。但对于所有事情，都存在着一个违反直觉的事实：做一些与自身无关的事，往往能带给我们积极的希望和目标。事实上，这些事可以帮我们振奋精神、减少压力。

要从容地应对压力，我们最需要的也许就是目标。

你不需要把所有的事情都弄清楚，就能找到目标。

我们经常抱着这样的心态：我得先把自己的生活捋顺了，才能考虑去做一些我一直都想做、目标更宏大的事。但你不必掌控日常琐事，这些琐碎的烦恼永远也不会消失。

我记得在 2020 年夏末的一个早晨，我们这些西海岸的人一觉醒来，感觉像是来到了火星。天空是砖红色的，空气中弥漫着毒素。极具破坏力的野火产生了滚滚浓烟，在旧金山上空盘旋，遮天蔽日。上午 10 点，邮递员就得开着头灯送邮件了。

气候问题日益严重，我由此产生的担忧与日俱增。我对这个问题思考得越来越多，越来越想要多谈谈这件事，但我的工作与生活已经"饱和"了。

作为一名教授，我要兼顾教学和实验室管理工作，加上我在家庭中的责任、照护父母和子女的职责，种种要求一如既往，从无间断，但在某个时刻，我意识到自己不能再这样生活下去了。我要跨出这一步，不再只是为气候问题干着急，而是要成为战士，尽我所能发挥作用。

这很有挑战性，毕竟气候危机看起来势不可当。我们的情绪可能会来回摇摆，从绝望悲伤跳到希望和快乐，就像节拍器一样，甚至会觉得自己在受鞭打。我们需要做出很多或大或小的改变，而且往往很难感觉到自己正在发挥影响。我曾经设想过一些计划，却感觉受到了重重阻碍，觉得它们似乎是杯水车薪。在某种程度上，由于学习了量子社会变革理论，我的希望才重新坚定起来。这种理论让我们了解到，局部的改变，即在我们影响范围内做出的可感知的改变，所产生的影响有高度传染和扩散性[3]。通过这种方式，我们可以共同改变社会文化的各个方面。即使我们看不到自己的影响，也许这辈子都看不到，我们作为个体所做的事也同样重要。

我正在启动一个项目，让人们将对气候的担忧化为行动。这是一个特别的课程，提供信息和技能，我们希望能借此激励人们做出改变，不再感到绝望或不知所措。我们使用的是本书一直在谈论的技能：能够在悲伤和愤怒中保持快乐，感受到目标的力量并与他人合作，从而真正将量子社会变革付诸行动。我不知道结果会怎样，但我知道减少对气候绝望的最好办法是采取行动，改善气候问题。

有一件事从科学的角度看更清楚明白：在生活中树立目标可以缓冲压力。在努力解决气候问题的时候，我感到体内流过一股积极的能量，我觉得自己活得很充实，那是我希望自己在生命尽头所拥有的状态。我肯定我所做的是对自己很重要的事，这种掌控感帮助我更好地处理了生活中所有其他的不确定性。

你可能已经在做给自己带来强烈使命感的事了。如果没有,想想你一直想做的事。即使每周只花一个小时做这样的事,也有很大的意义。

如果你还在挣扎着维持生计,那么要求你现在多做点事,让本就忙碌的一天更为忙碌,听起来似乎不太可行。除了多做事外,还可以通过其他办法让目标感发挥缓冲压力的效果。有时候,我们只需要意识到目标已经存在,我们已经在做的事对别人很有意义。现在花点时间盘点一下你正在做的那些带给你使命感的事。我们有时只是没有注意到自己所产生的影响。

你已经发挥了影响

我们都有影响力。你正在以不可量化的方式对周围的世界做出贡献,所产生的反响和影响可能超出你的认知,甚至在你的生命结束后依然在起作用。

我父亲大卫是一位生物学教授,已经退休。在荣休聚会后,他收到了一封信,来自他 20 年前教过的学生。我父亲很高兴收到学生的消息,然而,他对学生不为人知的影响力才最叫人惊讶。

这个学生曾患有严重的冒充者综合征。他来自一个小镇，在斯坦福大学，他觉得自己就像大海里的一条小鱼，好像并不真正属于这里。他认为斯坦福大学收他入学就是个错误。他的成绩只是中等，在卧虎藏龙的校园里，他并不认为自己是尖子生。有一年夏天，他来到我父亲的实验室做海洋生物学的研究，做得很出色。我父亲看到了他的成绩单，就说："嗯，这不对。我很了解你，我知道你可以做得更好。"

这个学生仔细思考了我父亲的话，认为这可以成为现实。就这样，他取得了优异的成绩，最终成了一名世界一流的外科医生。他写信是因为他想让我父亲知道，一次对他表现出信心的谈话就改变了他的人生轨迹。对我父亲来说，那只是一次短暂的交流，在他和学生们之间是常有的事，但它产生了巨大的影响。反过来，这封美好的来信也发挥了未知的影响。我父亲在退休的10年后仍珍视着这封信。

每个人都可以问问自己：除了表面上能看到的事，我到底做了什么？

那些无法名状的、未知的积极影响有很多很多。你不需要去完成某个特定的任务，才能产生很大的影响。将艺术作为爱好的人可以思考他们想要传达给世界的信息；在家里抚养孩子的人可以想想自己能给小家伙什么样的爱和支持，让他们也以自己微小但重要的方式在这世上做出善举。你所做的事有什么长远的影响？对此，你不可能百分百地弄清楚，而这其实正是美妙所在。

我们谈到过不确定性带来的恐惧，但其中也存在着各种可能性。我们不知道自己会发挥什么影响，不知道小小的善举和慷慨之行会给别人带来多大的改变，以及我们为共同利益所做的哪些努力会产生连锁反应。这些事可能会产生深远的意义。我们不知道该一起做出怎样的努力来改变我们的社会，但这也是一种可能性。

是的，不确定性会让人感到压力，但这也意味着生活的惊喜之门是敞开的。未来在带来挑战的同时也带来了美好、敬畏、感恩和喜悦。坚韧的心态可以打开一个充满可能性的世界。如果你发现自己全身紧绷，那就试着做相反的事：将紧张释放出去。如果你从不曾真正掌控过某件事，那就放手。要笑对不确定性，不确定也意味着我们拥有自由。

任何事都有可能发生。

你的生活充满了各种可能性。

带上这个轻便的应急包，里面装满了你应对每一种挑战所需要的工具，然后走出门享受生活吧。

Acknowledgements

致谢

非常感谢在这本书的创作过程中给我帮助的许多同事和朋友,书的体量虽然不大,却离不开许多支持!首先,感谢帮助我确定了本书主旨的雷切尔·诺依曼和道格·艾布拉姆斯,感谢他们乐观地相信人可以在7天内缓解压力,感谢他们对我的信任和对这本书进行的组织工作。特别感谢阿莉莎·尼克博克在写作方面的鼎力支持和具有感染力的快乐。非常感谢企鹅出版社的艾米·孙,感谢她的精心策划和精准编校。

深深感谢我的许多同事,他们都以某种方式参与了这本《减压七处方》的写作,包括将研究细节转化为准确有用的信息,特别是亚历山德拉·克罗斯威尔、阿米特·伯恩斯坦、乔治·博南诺、艾莉雅·克拉姆、大卫·克雷斯韦尔、马特卡·霍尔、达切尔·凯尔特纳、保罗·莱勒、罗伯特·拉斯蒂格、索尼娅·柳博米尔斯基、阿什利·梅森、帕特里克·麦基翁、华莱士·尼克尔斯、马丁·皮卡德、查尔斯·雷森、迈克尔·萨皮罗、克利夫·萨隆、肖娜·夏皮罗、艾米莉亚娜·西蒙·托马斯、朱利安·塞耶和卡桑德拉·维登。

特别感谢我在加州大学旧金山分校的亲密合作伙伴，是他们让研究和具有挑战性的调查工作变得如此有趣，他们是艾瑞克·普拉瑟和温迪·门德斯，以及我们在衰老、代谢和情感中心的优秀团队。感谢伊丽莎白·布莱克本和林珏（音译），感谢她们几十年来的友谊，感谢她们从分子、思维，谈到抗压能力对端粒的影响。感谢我在精神病学和行为科学系的许多同事，在疫情期间，尽管负担沉重、劳累过度，你们仍然与我保持着联系，为我提供支持。感谢丽莎·普利兹克、萨科·费舍尔、大卫·沃格尔、林恩·布里克和维克多·布里克的特别支持。感谢我一生的导师南希·阿德勒、凯利·布朗内尔、菲利普·津巴多和已故的阿尔伯特·班杜拉等人。

有一群见多识广的读者帮我改进了本书的初稿，特别是他们还提供了自己的实践经验，这对我而言是一份珍贵的礼物。他们是凯西·卡普莱纳、伊丽莎白·德林、安德鲁·德雷特泽、马克·高德利、艾米·劳尔、罗伯特·拉斯蒂格、珍妮特·伊科夫维奇、丹·米尔、彼得·普隆佐斯、罗恩·基亚雷洛、杰米·施密特、阿利·希尔曼、莉莉娅·希尔曼、特蕾西·特纳、大卫·沃格尔、茱莉亚·华莱士，尤其是林恩·库特勒。

感谢我优秀的大家庭和其中的核心成员：大卫·伊帕尔、洛伊斯·伊帕尔、莎伦·伊帕尔、安德里亚·利伯斯坦、丹尼·格拉泽，当然还有我亲爱的杰克·格拉泽。还有……最后，我要感谢你们，亲爱的读者，感谢你们相信我能给你们提供建议，感谢你们以开放的心态去尝试本书中的一系列新想法。愿本书给你们珍贵的人生带来更多的轻松和安逸。

Notes

注释

引言：接受意料之外的事

1. Jue Lin and Elissa Epel, "Stress and Telomere Shortening: Insights from Cellular Mechanisms," *Ageing Research Reviews* 73 (January 2022): 101507, https://doi.org/10.1016/j.arr.2021.101507.

2. David M. Almeida, Susan T. Charles, Jacqueline Mogle, Johanna Drewelies, Carolyn M. Aldwin, Avron Spiro III, and Denis Gerstorf, "Charting Adult Development through (Historically Changing) Daily Stress Processes," *American Psychologist* 75, no. 4 (May-June 2020): 511-24, https://doi.org/10.1037/amp0000597.

3. Achim Peters, Bruce S. McEwen, and Karl Friston, "Uncertainty and Stress: Why It Causes Diseases and How It Is Mastered by the Brain," *Progress in Neurobiology* 156 (September 2017):164–88, https://doi.org/10.1016/j.pneurobio.2017.05.004.

4. Alexandra Crosswell, Stefanie Mayer, Lauren Whitehurst, Sheyda Zebarjadian, Martin Picard & Elissa Epel (2022), "Deep Rest: An In-

tegrative Model of How Contemplative Practices Enhance the Body's Restorative Capacity," (under review).

5. Jos F. Brosschot, Bart Verkuil, and Julian F. Thayer, "Generalized Unsafety Theory of Stress: Unsafe Environments and Conditions, and the Default Stress Response," in "Stress and Health," ed. Mark Cropley, Birgitta Gatersleben, and Stefan Sütterlin, special issue, *International Journal of Environmental Research and Public Health* 15, no. 3 (March 7, 2018): 464, https://doi.org/10.3390/ijerph15030464.

第 1 天：压力 = 对不确定性的恐惧

1. Natalia Bobba-Alves et al. Chronic Glucocorticoid Stress Reveals Increased Energy Expenditure and Accelerated Aging as Cellular Features of Allostatic Load, *BioRxiv* (2022), https://doi.org/10.1101/2022.02.22.481548.

2. Archy O. de Berker, Robb B. Rutledge, Christoph Mathys, Louise Marshall, Gemma F. Cross, Raymond J. Dolan, and Sven Bestmann, "Computations of Uncertainty Mediate Acute Stress Responses in Humans," *Nature Communications* 7 (March 29, 2016): 10996, https://doi.org/10.1038/ncomms10996.

3. Dilek Celik, Emre H. Alpay, Betul Celebi, and Aras Turkali, "Intolerance of Uncertainty, Rumination, Post-Traumatic Stress Symptoms and Aggression during COVID-19: A Serial Mediation Model," *European Journal of Psychotraumatology* 12, no. 1 (August 13, 2021): 1953790, https://doi.org/10.1080/20008198.2021.1953790.

4. Yuanyuan Gu, Simeng Gu, Yi Lei, and Hong Li, "From Uncertainty to Anxiety: How Uncertainty Fuels Anxiety in a Process Mediated

by Intolerance of Uncertainty," in "Stress Induced Neuroplasticity and Mental Disorders 2020," ed. Fang Pan, Lee Shapiro, and Jason H. Huang, special issue, *Neural Plasticity* 2020 (October 1, 2020): 8866386, https://doi.org/10.1155/2020/8866386.

5. Jessica C. Jimenez, Katy Su, Alexander R. Goldberg, Victor M. Luna, Jeremy S. Biane, Gokhan Ordek, Pengcheng Zhou, et al., "Anxiety Cells in a Hippocampal-Hypothalamic Circuit," *Neuron* 97, no.3 (February 7, 2018): 670-83.e6, https://doi.org/10.1016/j.neuron.2018.01.016.

6. Marc-Lluís Vives and Oriel FeldmanHall, "Tolerance to Ambiguous Uncertainty Predicts Prosocial Behavior," *Nature Communications* 9 (June 12, 2018): 2156, https://doi.org/10.1038/s41467-018-04631-9.

7. Andreas B. Neubauer, Joshua M. Smyth, and Martin J. Sliwinski, "When You See It Coming: Stressor Anticipation Modulates Stress Effects on Negative Affect," *Emotion* 18, no. 3 (April 2018): 342-54. https://doi.org/10.1037/emo0000381.

8. Kirstin Aschbacherm, Aoife O'Donovan, Owen M. Wolkowitz, Firdaus S. Dhabhar, Yali Su, and Elissa Epel, "Good Stress, Bad Stress and Oxidative Stress: Insights from Anticipatory Cortisol Reactivity," *Psychoneuroendocrinology* 38, no. 9 (September 2013):1698-708, https://doi.org/10.1016/j.psyneuen.2013.02.004.

9. Roxane Cohen Silver, E. Alison Holman, and Dana Rose Garfin."Coping with Cascading Collective Traumas in the United States," *Nature Human Behavior* 5, no. 1 (January 2021): 4-6, https://doi.org/10.1038/s41562-020-00981-x.

10. Roxane Cohen Silver, E. Alison Holman, Judith Pizarro Andersen,

Michael Poulin, Daniel N. McIntosh, Virginia Gil-Rivas, "Mental- and Physical-Health Effects of Acute Exposure to Media Images of the September 11, 2001, Attacks and the Iraq War," *Psychological Science* 24, no. 9 (September 2013): 1623-34, https://doi.org/10.1177/0956797612460406.

第 2 天：快乐的人都会做"减法"

1. Stephanie A. Robinson and Margie E. Lachman, "Perceived Control and Aging: A Mini-Review and Directions for Future Research," *Gerontology* 63, no. 5 (August 2017): 435-42. https://doi.org/10.1159/000468540.

2. Shevaun D. Neupert, David M. Almeida, and Susan Turk Charles, "Age Differences in Reactivity to Daily Stressors: The Role of Personal Control," *Journals of Gerontology: Series B* 62, no. 4 (July 2007): P216-25, https://doi .org/10.1093/geronb/62.4.p216.

3. Laura L. Carstensen, Yochai Z. Shavit, and Jessica T. Barnes. "Age Advantages in Emotional Experience Persist Even under Threat from the COVID-19 Pandemic," *Psychological Science* 31, no. 11 (November 2020):1374 -1385, https://doi.org/10.1177/0956797620967261.

4. Carol A. Shively and Stephen M. Day. "Social Inequalities in Health in Nonhuman Primates," *Neurobiology of Stress* 1 (January2015): 156-63, https://doi.org/10.1016/j.ynstr.2014.11.005.

5. Jay R. Kaplan, Haiying Chen, and Stephen B. Manuck, "The Relationship between Social Status and Atherosclerosis in Male and Female Monkeys as Revealed by Meta-analysis," in "Special Issue on Nonhuman Primate Models of Women's Health," ed. Carol A. Shively

and Thomas B. Clarkson, *American Journal of Primatology* 71, no. 9 (September 2009): 732-41, https://doi.org/10.1002/ajp.20707.

6. Janice K. Kiecolt-Glaser, Phillip T. Marucha, W. B. Malarkey, Ana M. Mercado, and Ronald Glaser, "Slowing of Wound Healing by Psychological Stress," *The Lancet* 346, no. 8984 (November 4, 1995): 1194-96, https://doi .org/10.1016/S0140-6736(95)92899-5.

7. Saher Hoda Kamil and Dawn I. Velligan, "Caregivers of Individuals with Schizophrenia: Who Are They and What Are Their Challenges?," *Current Opinion in Psychiatry* 43, no. 3 (May 2019): 157-63, https://doi.org/10.1097/YCO.0000000000000492.

8. Anna Sjörs Dahlman, Ingibjörg H. Jonsdottir, and Caroline Hansson, "The Hypothalamo-pituitary-adrenal Axis and the Autonomic Nervous System in Burnout," in "The Human Hypothalamus: Neuropsychiatric Disorders," ed. Dick F. Swaab, Ruud M. Buijs, Felix Kreier, Paul J. Lucassen, and Ahmad Salehi, *Handbook of Clinical Neurology* 182 (2021): 83-94, https://doi.org/10.1016/B978-0-12-819973-2.00006-X.

9. Christina Maslach and Michael P. Leiter, *The Burnout Challenge: Managing People's Relationships with Their Jobs* (Cambridge, MA: Harvard University Press, 2022).

10. Annie Dillard, *The Writing Life* (New York, NY: HarperCollins, 1989).

11. Hsiao-Wen Liao and Laura L. Carstensen, "Future Time Perspective: Time Horizons and Beyond," in "Future Time Perspectives," special issue, *GeroPsych* 31, no. 3 (September 2018):163-67, https://doi.org/10.1024/1662-9647/a000194.

12. Marsha M. Linehan, *DBT Skills Training Mannual*, 2nd ed. (New York: Guilford Publications, 2015). 辩证行为疗法包括践行"全盘接

受"的心态。

13. Alexandra D. Crosswell, Michael Coccia, and Elissa S. Epel, "Mind Wandering and Stress: When You Don't Like the Present Moment," *Emotion* 20, no. 3 (April 2020): 403-12, https://doi.org/10.1037/emo0000548.

14. Elissa S. Epel, Eli Puterman, Jue Lin, Elizabeth Blackburn, Alanie Lazaro, and Wendy Berry Mendes, "Wandering Minds and Aging Cells," *Clinical Psychological Science* 1, no. 1 (January 2013): 75-83, https://doi.org/10.1177/2167702612460234.

15. Steven Hayes and Spencer Smith, *Get Out of Your Mind and Into Your Life: The New Acceptance and Commitment Therapy* (Oakland, CA: New Harbinger Publications, 2015).

16. Emily K. Lindsay, Shinzen Young, Joshua M. Smyth, Kirk Warren Brown, and J. David Creswell. "Acceptance Lowers Stress Reactivity: Dismantling Mindfulness Training in a Randomized Controlled Trial," *Psychoneuroendocrinology* 87 (January 2018): 63-73, https://doi.org/10.1016/j.psyneuen.2017.09.015.

17. Emily K. Lindsay, Brian Chin, Carol M. Greco, Shinzen Young, Kirk W. Brown, Aidan G. C. Wright, Joshua M. Smyth, Deanna Burkett, and J. David Creswell, "How Mindfulness Training Promotes Positive Emotions: Dismantling Acceptance Skills Training in Two Randomized Controlled Trials," *Journal of Personality and Social Psychology* 115, no. 6 (December 2018): 944-73. https://doi.org/10.1037/pspa0000134.

18. Nora Görg, Kathlen Priebe, Jan R. Böhnke, Regina Steil, Anne S. Dyer, and Nikolaus Kleindienst, "Trauma-Related Emotions and Rad-

ical Acceptance in Dialectical Behavior Therapy for Posttraumatic Stress Disorder after Childhood Sexual Abuse," *Borderline Personality Disorder and Emotion Dysregulation* 4 (July 13, 2017): 15, https://doi.org/10.1186/s40479-017-0065-5; and Jenny Thorsell Cederberg, Martin Cernvall, JoAnne Dahl, Louise von Essen, and Gustaf Ljungman, "Acceptance as a Mediator for Change in Acceptance and Commitment Therapy for Persons with Chronic Pain?," *International Journal of Behavioral Medicine* 23, no. 1 (February 2016): 21-29, https://doi.org/10.1007/s12529-015-9494-y.

第3天：你担忧的事，大多不会发生

1. Elissa S. Epel, Alexandra D. Crosswell, Stefanie E. Mayer, Aric A. Prather, George M. Slavich, Eli Puterman, and Wendy Berry Mendesa, "More Than a Feeling: A Unified View of Stress Measurement for Population Science," *Frontiers in Neuroendocrinology* 49 (April 2018): 146-69, https://doi.org/10.1016/j.yfrne.2018.03.001.

2. Stefanie E. Mayer, Agus Surachman, Aric A. Prather, Eli Puterman, Kevin L. Delucchi, Michael R. Irwin, Andrea Danese, David M. Almeida, and Elissa S. Epel, "The Long Shadow of Childhood Trauma for Depression in Midlife: Examining Daily Psychological Stress Processes as a Persistent Risk Pathway," *Psychological Medicine* (March 26, 2021): 1-10. https://doi.org/10.1017/S0033291721000921.

3. Joanna Guan, Elaz Ahmadi, Bresh Merino, Lindsay Fox, Miller, K., Kim, J., Stefanie Mayer. "Developing Stress Resilience in Everyday Life-Examining Stress Appraisal Effects of an Ecological Mindfulness Intervention Developed for Midlife Women with a History of Early

Life Adversity." (Poster presentation online at the 7th International Symposium on Resilience Research, International Resilience Alliance Intresa, September, 2021).

4. Elissa Epel, Jennifer Daubenmier, Judith Tedlie Moskowitz, Susan Folkman, and Elizabeth Blackburn, "Can Meditation Slow Rate of Cellular Aging? Cognitive Stress, Mindfulness, and Telomeres," *Annals of the New York Academy of Sciences* 1172, no. 1 (August 2009): 34-53, https://doi.org/10.1111/j.1749-6632.2009.04414.x; and Aoife O'Donovan, A. Janet Tomiyama, Jue Lin, Eli Puterman, Nancy E. Adler, Margaret Kemeny, Owen M. Wolkowitz, Elizabeth H. Blackburn, and Elissa S. Epel, "Stress Appraisals and Cellular Aging: A Key Role for Anticipatory Threat in the Relationship between Psychological Stress and Telomere Length," *Brain, Behavior, and Immunity* 26, no. 4 (May 2012): 573-79, https://doi.org/10.1016/j.bbi.2012.01.007.

5. Jeremy P. Jamieson, Matthew K. Nock, and Wendy Berry Mendes, "Mind over Matter: Reappraising Arousal Improves Cardiovascular and Cognitive Responses to Stress," *Journal of Experimental Psychology: General* 141, no. 3 (August 2012): 417-22, https://doi.org/10.1037/a0025719.

6. Jeremy P. Jamieson, Wendy Berry Mendes, Erin Blackstock, and Toni Schmader, "Turning the Knots in Your Stomach into Bows: Reappraising Arousal Improves Performance on the GRE," *Journal of Experimental Social Psychology* 46, no. 1 (January 2010): 208-12, https://doi.org/10.1016/j.jesp.2009.08.015.

7. Alia J. Crum, Peter Salovey, and Shawn Achor, "Rethinking Stress: The Role of Mindsets in Determining the Stress Response," *Journal*

of Personality and Social Psychology 104, no. 4 (April 2013): 716-33. https://doi.org/10.1037/a0031201. 82 页的内容摘自克拉姆博士的压力心态测量表。

8. Dena M. Bravata, Sharon A. Watts, Autumn L. Keefer, Divya K. Madhusudhan, Katie T. Taylor, Dani M. Clark, Ross S. Nelson, Kevin O. Cokley, and Heather K. Hagg. "Prevalence, Predictors, and Treatment of Impostor Syndrome: A Systematic Review," *Journal of General Internal Medicine* 35, no. 4 (April 2020): 1252-75, https://doi.org/10.1007/s11606-019-05364-1.

9. Mirjam Neureiter and Eva Traut-Mattausch, "An Inner Barrier to Career Development: Preconditions of the Impostor Phenomenon and Consequences for Career Development." *Frontiers in Psychology* 7 (February 2016): 48, https://doi.org/10.3389/fpsyg.2016.00048.

10. Patricia K. Leach, Rachel M. Nygaard, Jeffrey G. Chipman, Melissa E. Brunsvold, and Ashley P. Marek, "Impostor Phenomenon and Burnout in General Surgeons and General Surgery Residents," *Journal of Surgical Education* 76, no.1(2019): 99-106.

11. Özlem Ayduk and Ethan Kross, "From a Distance: Implications of Spontaneous Self-Distancing for Adaptive Self-Reflection," *Journal of Personality and Social Psychology* 98, no. 5 (May 2010): 809-29, https://doi.org/10.1037/a0019205.

12. Jenny J. W. Liu, Natalie Ein, Julia Gervasio, and Kristin Vickers, "The Efficacy of Stress Reappraisal Interventions on Stress Responsivity: A Meta-analysis and Systematic Review of Existing Evidence," *PLoS One* 14, no. 2 (February 2019): e0212854, https://doi.org/10.1371/journal.pone.0212854.

13. Jennifer Daubenmier, Elissa S. Epel, Patricia J. Moran, Jason Thompson, Ashley E. Mason, Michael Acree, Veronica Goldman, et al. "A Randomized Controlled Trial of a Mindfulness-Based Weight Loss Intervention on Cardiovascular Reactivity to Social-Evaluative Threat Among Adults with Obesity," *Mindfulness* vol. 10,12 (2019):2583-2595. doi:10.1007/s12671-019-01232-5.

14. Kevin Love, "NBA's Kevin Love: Championing Mental Health for Everyone," Commonwealth Club, January 19, 2021, video, 1:07:31, January 27, 2021, www.commonwealthclub.org/events/archive/video/nbas-kevin-love-championing-mental-health-everyone.

15. Kevin Love, "Everyone Is Going through Something," *The Players' Tribune*, March 6, 2018, www.theplayerstribune.com/articles/kevin-love-everyone-is-going-through-something.

16. Geoffrey L. Cohen and David K. Sherman, "The Psychology of Change: Self-Affirmation and Social Psychological Intervention," *Annual Review of Psychology* 65 (January 2014): 333-71, https://doi.org/10.1146/annurev-psych-010213-115137.

17. Arghavan Salles, Claudia M. Mueller, and Geoffrey L. Cohen, "A Values Affirmation Intervention to Improve Female Residents' Surgical Performance," *Journal of Graduate Medical Education* 8, no. 3 (July 2016): 378-83, https://doi.org/10.4300/JGME-D-15-00214.1; and J. Parker Goyer, Julio Garcia, Valerie Purdie-Vaughns, Kevin R. Binning, Jonathan E. Cook, Stephanie L. Reeves, Nancy Apfel, Suzanne Taborsky-Barba, David K. Sherman, and Geoffrey L. Cohen. "Self-Affirmation Facilitates Minority Middle Schoolers' Progress along College Trajectories," *Proceedings of the National Academy of Sciences*

of the United States of America 114, no. 29 (July 2017): 7594-99, https://doi.org/10.1073/pnas.1617923114.

18. J. David Creswell, Suman Lam, Annette L. Stanton, Shelley E. Taylor, Julienne E. Bower, and David K. Sherman. "Does Self-Affirmation, Cognitive Processing, or Discovery of Meaning Explain Cancer-Related Health Benefits of Expressive Writing?," *Personal and Social Psychology Bulletin* 33, no. 2 (February 2007): 238-50, https://doi.org/10.1177/ 0146167206294412.

19. Cohen and Sherman, "The Psychology of Change."

20. "Giving Purpose," www.givingpurpose.org/.

第4天：压力越"大"，越"兴奋"

1. Elissa S. Epel, "The Geroscience Agenda: Toxic Stress, Hormetic Stress, and the Rate of Aging,"*Ageing Research Reviews* 63 (November 2020): 101167, https://doi.org/10.1016/j.arr.2020.101167.

2. Caroline Kumsta, Jessica T. Chang, Jessica Schmalz, and Malene Hansen, "Hormetic Heat Stress and HSF-1 Induce Autophagy to Improve Survival and Proteostasis in *C. elegans*," *Nature Communications* 8 (February 15, 2017): 14337, https://doi.org/10.1038/ncomms14337.

3. David G. Weissman and Wendy Berry Mendes, "Correlation of Sympathetic and Parasympathetic Nervous System Activity during Rest and Acute Stress Tasks," *International Journal of Psychophysiology* 162 (April 2021): 60-68, https://doi.org/10.1016/j.ijpsycho.2021.01.015.

4. Elissa S. Epel, Bruce S. McEwen, and Jeannette R. Ickovics, "Embodying Psychological Thriving: Physical Thriving in Response to Stress," *Journal of Social Issues* 54, no. 2 (Summer 1998): 301-22,

https://doi.org/10.1111/0022-4537.671998067.

5. Manuel Mücke, Sebastian Ludyga, Flora Colledge, and Markus Gerber, "Influence of Regular Physical Activity and Fitness on Stress Reactivity as Measured with the Trier Social Stress Test Protocol: A Systematic Review," *Sports Medicine* 48, no. 11 (November 2018): 2607-22, https://doi.org/10.1007/s40279-018-0979-0.

6. Ethan L.Ostrom, Savannah R. Berry, and Tinna Traustadóttir, "Effects of Exercise Training on Redox Stress Resilience in Young and Older Adults," *Advances in Redox Research* 2 (July 2021): 10007, https://doi.org/10.1016/j.arres.2021.100007.

7. Benjamin A. Hives, E. Jean Buckler, Jordan Weiss, Samantha Schilf, Kirsten L. Johansen, Elissa S. Epel, and Eli Puterman, "The Effects of Aerobic Exercise on Psychological Functioning in Family Caregivers: Secondary Analyses of a Randomized Controlled Trial," *Annals of Behavioral Medicine* 55, no. 1 (January 2021): 65-76, https://doi.org/10.1093/abm/kaaa031.

8. Hives et al.,"The Effects of Aerobic Exercise on Psychological Functioning."

9. Eli Puterman, Jordan Weiss, Jue Lin, Samantha Schilf, Aaron L. Slusher, Kirsten L. Johansen, and Elissa S. Epel, "Aerobic Exercise Lengthens Telomeres and Reduces Stress in Family Caregivers: A Randomized Controlled Trial-Curt Richter Award Paper 2018," *Psychoneuroendocrinology* 98 (December 2018): 245-52, https://doi.org/10.1016/j.psyneuen.2018.08.002.

10. Matthijs Kox, Monique Stoffels, Sanne P. Smeekens, Nens van Alfen, Marc Gomes, Thijs M.H. Eijsvogels, Maria T. E. Hopman, Johannes G.

van der Hoeven, Mihai G. Netea, and Peter Pickkers, "The Influence of Concentration / Meditation on Autonomic Nervous System Activity and the Innate Immune Response: A Case Study," *Psychosomatic Medicine* 74, no. 5 (June 2012): 489-94, https://doi.org/10.1097/PSY.0b013e3182583c6d.

11. Matthijs Kox, Lucas T. van Eijk, Jelle Zwaag, Joanne van den Wildenberg, Fred C. G. J. Sweep, Johannes G. van der Hoeven, and Peter Pickkers, "Voluntary Activation of the Sympathetic Nervous System and Attenuation of the Innate Immune Response in Humans," *Proceedings of the National Academy of Sciences of the United States of America* 111, no. 20 (May 20, 2014): 7379-84, https://doi.org/10.1073/pnas.1322174111.

12. G. A. Buijze, H. M. Y. De Jong, M. Kox, M. G. van de Sande, D. Van Schaardenburg, R. M. Van Vugt, C. D. Popa, P. Pickkers, and D. L. P. Baeten, "An Add-On Training Program Involving Breathing Exercises, Cold Exposure, and Meditation Attenuates Inflammation and Disease Activity in Axial Spondyloarthritis—a Proof of Concept Trial," *PLoS ONE* 14, no. 12 (December 2, 2019): e0225749, https://doi.org/10.1371/journal.pone.0225749.

13. Rhonda P. Patrick and Teresa L. Johnson, "Sauna Use as a Lifestyle Practice to Extend Healthspan," *Experimental Gerontology* 154 (October 15, 2021): 111509, https://doi.org/10.1016/j.exger.2021.111509.

14. Maciel Alencar Bruxel, Angela Maria Vicente Tavares, Luiz Domingues Zavarize Neto, Victor de Souza Borges, Helena Trevisan Schroeder, Patricia Martins Bock, Maria Inês Lavina Rodrigues, Adriane Belló-Klein, and Paulo Ivo Homem de Bittencourt Jr., "Chronic

Whole-Body Heat Treatment Relieves Atherosclerotic Lesions, Cardiovascular and Metabolic Abnormalities, and Enhances Survival Time Restoring the Anti-inflammatory and Anti-senescent Heat Shock Response in Mice," *Biochimie* 156 (January 2019): 33-46, https://doi.org/10.1016/j.biochi.2018.09.011.

15. Kay-U. Hanusch and Clemens W. Janssen, "The Impact of Whole-Body Hyperthermia Interventions on Mood and Depression—Are We Ready for Recommendations for Clinical Application?," *International Journal of Hyperthermia* 36, no. 1 (2019): 573-81, https://doi.org/10.1080/02656736.2019.1612103.

16. Clemens W. Janssen, Christopher A. Lowry, Matthias R. Mehl, John J. B. Allen, Kimberly L. Kelly, Danielle E. Gartner, Charles L. Raison, et al., "Whole-Body Hyperthermia for the Treatment of Major Depressive Disorder: A Randomized Clinical Trial," *JAMA Psychiatry* 73, no. 8 (August 1, 2016): 789-95, https://doi.org/10.1001/jamapsychiatry.2016.1031.

17. Ashley E. Mason, Sarah M. Fisher, Anoushka Chowdhary, Ekaterina Guvva, Danou Veasna, Erin Floyd, Sean B. Fender, and Charles Raison, "Feasibility and Acceptability of a Whole-Body Hyperthermia (WBH) Protocol," *International Journal of Hyperthermia* 38, no. 1 (2021): 1529-35.

第 5 天：让自然发挥作用

1. 这项调查由英国心理健康基金会发起，在 YouGor 网站上完成，共调查了 4382 名英国成年人（年龄在 18 岁以上），结果有助于我们更好地利用大自然改善身心健康：https://www.mentalhealth.org.uk/

campaigns/thriving-with-nature/guide.

2. Sarai Pouso, Ángel Borja, Lora E. Fleming, Erik Gómez-Baggethun, Mathew P. White, and María C. Uyarra, "Contact with Blue-Green Spaces during the COVID-19 Pandemic Lockdown Beneficial for Mental Health," *Science of the Total Environment* 756 (February 20, 2021): 143984, https://doi.org/10.1016/j.scitotenv.2020.143984.

3. Timothy D. Wilson, David A. Reinhard, Erin C. Westgate, Daniel T. Gilbert, Nicole Ellerbeck, Cheryl Hahn, Casey L. Brown, and Adi Shaked, "Just Think: The Challenges of the Disengaged Mind," *Science* 345, no. 6192 (July 4, 2014): 75-77, https://doi.org/10.1126/science.1250830.

4. William J. Brady, M. J. Crockett, and Jay J. Van Bavel, "The MAD Model of Moral Contagion: The Role of Motivation, Attention, and Design in the Spread of Moralized Content Online," *Perspectives on Psychological Science* 15, no. 4 (July 2020): 978-1010, https://doi.org/10.1177/1745691620917336.

5. Jeremy B. Merrill and Will Oremus, "Five Points for Anger, One for a 'Like': How Facebook's Formula Fostered Rage and Misinformation," *Washington Post*, October 26, 2021.

6. Sally C. Curtin, *State Suicide Rates among Adolescents and Young Adults Aged 10-24: United States, 2000-2018, National Vital Statistics Reports* 69, no. 11 (Hyattsville, MD: National Center for Health Statistics, 2020), 10, https://www.cdc.gov/nchs/data/nvsr/nvsr69/nvsr-69-11-508.pdf.

7. Florian Lederbogen, Peter Kirsch, Leila Haddad, Fabian Streit, Heike Tost, Philipp Schuch, Andreas Meyer-Lindenberg, et al.,"City Liv-

ing and Urban Upbringing Affect Neural Social Stress Processing in Humans," *Nature* 474, no. 7352 (Jun 23, 2011): 498-501, https://doi.org/10.1038/nature10190.

8. Łukasz Nicewicz, Agata W. Nicewicz, Alina Kafel, and Mirosław Nakonieczny, "Set of Stress Biomarkers as a Practical Tool in the Assessment of Multistress Effect Using Honeybees from Urban and Rural Areas as a Model Organism: A Pilot Study, *Environmental Science and Pollution Research* 28, no. 8 (February 2021): 9084-96, https://doi.org/10.1007/s11356-020-11338-2.

9. Michele Antonelli, Davide Donelli, Lúcrezia Carlone, Valentina Maggini, Fabio Firenzuoli, and Emanuela Bedeschi, "Effects of Forest Bathing (Shinrin-yoku) on Individual Well-Being: An Umbrella Review," *International Journal of Environmental Health Research* (April 28, 2021): 1-26, https://doi.org/10.1080/09603123.2021.1919293; and Yuki Ideno, Kunihiko Hayashi, Yukina Abe, Kayo Ueda, Hiroyasu Iso, Mitsuhiko Noda, Jung-Su Lee, and Shosuke Suzuki, "Blood Pressure-Lowering Effect of Shinrin-yoku (Forest Bathing): A Systematic Review and Meta-analysis," *BMC Complementary and Alternative Medicine* 17, no. 1 (August 16, 2017): 409, https://doi.org/10.1186/s12906-017-1912-z.

10. E. R. Jayaratne, X. Ling, and L. Morawska, "Role of Vegetation in Enhancing Radon Concentration and Ion Production in the Atmosphere," *Environmental Science & Technology* 45, no. 15 (August 1, 2011): 6350-55, https://doi.org/10.1021/es201152g.

11. Tae-Hoon Kim, Gwang-Woo Jeong, Han-Su Baek, Gwang-Won Kim, Thirunavukkarasu Sundaram, Heoung-Keun Kang, Seung-Won Lee,

Hyung-Joong Kim, Jin-Kyu Song, "Human Brain Activation in Response to Visual Stimulation with Rural and Urban Scenery Pictures: A Functional Magnetic Resonance Imaging Study," *Science of the Total Environment* 408, no. 12 (May 15, 2010): 2600-607, https://doi.org/10.1016/j.scitotenv.2010.02.025; and Simone Grassini, Antti Revonsuo, Serena Castellotti, Irene Petrizzo, Viola Benedetti, and Mika Koivisto, "Processing of Natural Scenery Is Associated with Lower Attentional and Cognitive Load Compared with Urban Ones," *Journal of Environmental Psychology* 62 (April 2019): 1-11, https://doi.org/10.1016/j.jenvp.2019.01.007.

12. Pooja Sahni and Jyoti Kumar, "Effect of Nature Experience on Fronto-parietal Correlates of Neurocognitive Processes Involved in Directed Attention: An ERP Study," *Annals of Neurosciences* 27, no. 3-4 (July 2020): 136-47, https://doi.org/10.1177/0972753121990143.

13. Justin S. Feinstein, Sahib S. Khalsa, Hung Yeh, Obada Al Zoubi, Armen C. Arevian, Colleen Wohlrab, Martin P. Paulus, et al., "The Elicitation of Relaxation and Interoceptive Awareness Using Floatation Therapy in Individuals with High Anxiety Sensitivity," *Biological Psychiatry: Cognitive Neuroscience and Neuroimaging* 3, no. 6 (June 2018): 555-62, https://doi.org/10.1016/j.bpsc.2018.02.005; and Justin S. Feinstein, Sahib S. Khalsa, Hung-Wen Yeh, Colleen Wohlrab, W. Kyle Simmons, Murray B. Stein, and Martin P. Paulus, "Examining the Short-Term Anxiolytic and Antidepressant Effect of Floatation-REST," *PLoS One* 13, no. 2 (February 2, 2018): e0190292, https://doi.org/10.1371/journal.pone.0190292.

14. Virginia Sturm, Samir Datta, Ashlin Roy, Isabel Sible, Eena Kosik,

Christina Veziris, Tiffany E. Chow et al., "Big Smile, Small Self: Awe Walks Promote Prosocial Positive Emotions in Older Adults," *Emotion* (September 21, 2020) [Epub ahead of print]. doi: 10.1037/emo0000876: http://dx.doi.org/10.1037/emo0000876.

15. "Stress & Resilience with Elissa Epel and Dacher Keltner," *City Arts & Lectures,* KQED, May 11, 2021, 1:06:09, www.cityarts.net/event/stress-resilience/.

16. Michelle C. Kondo, Jaime M. Fluehr, Thomas McKeon, and Charles C. Branas, "Urban Green Space and Its Impact on Human Health," *International Journal of Environmental Research and Public Health* 15, no. 3 (March 2018): 445, https://doi.org/10.3390/ijerph15030445.

17. Gert-Jan Vanaken and Marina Danckaerts, "Impact of Green Space Exposure on Children's and Adolescents' Mental Health: A Systematic Review," *International Journal of Environmental Research and Public Health* 5, no. 12 (December 2018): 2668, https://doi.org/10.3390/ijerph15122668.

18. Jean Woo et al. "Green Space, Psychological Restoration, and TelomereLength." *The Lancet* 373, no.9660 (January 2009): 299-300, https://doi.org10.1016/S0140-6736(09)60094-5.

19. Noëlie Molbert, Frédéric Angelier, Fabrice Alliot, Cécile Ribout, and Aurélie Goutte, "Fish from Urban Rivers and with High Pollutant Levels Have Shorter Telomeres," *Biology Letters* 17, no. 1 (January 2021): 20200819, https://doi.org/10.1098/rsbl.2020.0819.

20. Juan Diego Ibáñez-Álamo, Javier Pineda-Pampliega, Robert L. Thomson, José I. Aguirre, Alazne D íez-Fernández, Bruno Faivre, Jordi Figuerola, and Simon Verhulst, "Urban Blackbirds Have Shorter Tel-

omeres," *Biology Letters* 14, no. 3 (March 2018): 20180083, https://doi.org/10.1098/rsbl.2018.0083.

21. Mark Coleman, *Awake in the Wild: Mindfulness in Nature as a Path of Self-Discovery* (Maui, HI: Inner Ocean Publishing, 2006).

22. Thich Nhat Hanh, *Peace Is Every Step* (New York: Bantam Books, 1992).

23. Brian Cooke and Edzard Ernst, "Aromatherapy: A Systematic Review," *British Journal of General Practice* 50, no. 455 (June 2000): 493-96, https://bjgp.org/content/50/455/493.long; and Hyun-Ju Kang, Eun Sook Nam, Yongmi Lee, and Myoungsuk Kim, "How Strong Is the Evidence for the Anxiolytic Efficacy of Lavender?: Systematic Review and Meta-analysis of Randomized Controlled Trials," *Asian Nursing Research* 13, no. 5 (December 2019): 295-305, https://doi.org/10.1016/j.anr.2019.11.003.

24. Timothy K. H. Fung, Benson W. M. Lau, Shirley P. C. Ngai, and Hector W. H. Tsang, "Therapeutic Effect and Mechanisms of Essential Oils in Mood Disorders: Interaction between the Nervous and Respiratory Systems," *International Journal of Molecular Sciences* 22, no. 9 (May 1, 2021): 4844, https://doi.org/10.3390/ijms22094844.

25. John Muir, *Our National Parks* (San Francisco: Sierra Club Books, 1991).

26. Shigehiro Oishi, Thomas Talhelm, and Minha Lee, "Personality and Geography:Introverts Prefer Mountains," *Journal of Research in Personality* 58 (October 2015): 55-68, https://doi.org/10.1016/j.jrp.2015.07.001.

第 6 天: 放松≠恢复

1. James Nestor, *Breath: The New Science of a Lost Art* (New York: Riverhead Books, 2020).

2. Lisa Feldman Barrett, "The Theory of Constructed Emotion: An Active Inference Account of Interoception and Categorization," *Social Cognitive and Affective Neuroscience* 12, no. 1 (January 2017): 1-23, https://doi.org/10.1093/scan/nsw154.

3. E. S. Epel, E. Puterman, J. Lin, E. H. Blackburn, P. Y. Lum, N. D. Beckmann, E. E. Schadt, et al., "Meditation and Vacation Effects Have an Impact on Disease-Associated Molecular Phenotypes," *Translational Psychiatry* 6, no. 8 (August 2016): e880, https://doi.org/10.1038/tp.2016.164.

4. Shannon Harvey, *My Year of Living Mindfully* (Hachette Australia, 2020).

5. Stefanie E. Mayer, Agus Surachman, Aric A. Prather, Eli Puterman, Kevin L. Delucchi, Michael R. Irwin, Andrea Danese, David M. Almeida, and Elissa S. Epel, "The Long Shadow of Childhood Trauma for Depression in Midlife: Examining Daily Psychological Stress Processes as a Persistent Risk Pathway," *Psychological Medicine* (March 26, 2021): 1-10, https://doi.org/10.1017/S0033291721000921.

6. Xiaoli Chen, Rui Wang, Phyllis Zee, Pamela L. Lutsey, Sogol Javaheri, Carmela Alcántara, Chandra L. Jackson, Michelle A. Williams, and Susan Redline, "Racial / Ethnic Differences in Sleep Disturbances: The Multiethnic Study of Atherosclerosis (MESA)," *Sleep* 38, no. 6 (June 1, 2015): 877-88, https://doi.org/10.5665/sleep.4732.

7. Tricia Hersey, *Rest Is Resistance: A Manifesto* (New York, NY: Little,

Brown Spark, 2022).

8. Nestor, *Breath*.

9. Patrick McKeown, *The Breathing Cure: Develop New Habits for a Healthier, Happier, and Longer Life* (New York: Humanix Books, 2021).

10. Andrea Zaccaro, Andrea Piarulli, Marco Laurino, Erika Garbella, Danilo Menicucci, Bruno Neri, and Angelo Gemignani, "How Breath-Control Can Change Your Life: A Systematic Review on Psycho-physiological Correlates of Slow Breathing," *Frontiers in Human Neuroscience* 12 (September 7, 2018): 353, https://doi.org/10.3389/fnhum.2018.00353.

11. Mikołaj Tytus Szulczewski, "An Anti-hyperventilation Instruction Decreases the Drop in End-Tidal CO2 and Symptoms of Hyperventilation during Breathing at 0.1 Hz," *Applied Psychophysiology and Biofeedback* 44, no. 3 (September 2019): 247-56, https://doi.org/10.1007/s10484-019-09438-y; Paul Lehrer, P. M., E. Vaschillo, and Bronya Vaschillo, "Resonant Frequency Biofeedback Training to Increase Cardiac Variability: Rationale and Manual for Training," *Applied Psychophysiology and Biofeedback* 25, no. 3 (2000): 177-191.

12. Juliana M. B. Khoury, Margo C. Watt, and Kim MacLean, "Anxiety Sensitivity Mediates Relations between Mental Distress Symptoms and Medical Care Utilization during COVID-19 Pandemic," *International Journal of Cognitive Therapy* 14, no. 3 (September 2021): 515-36, https://doi.org/10.1007/s41811-021-00113-x.

13. Alicia E. Meuret, Frank H. Wilhelm, Thomas Ritz, and Walton T. Roth, "Feedback of End-Tidal pCO2 as a Therapeutic Approach for

Panic Disorder," *Journal of Psychiatric Research* 42, no. 7 (June 2008): 560-68, https://doi.org/10.1016/j.jpsychires.2007.06.005.

第 7 天：完满开始，完满结束

1. Jennifer R. Piazza, Susan T. Charles, Martin J. Sliwinski, Jacqueline Mogle, and David M. Almeida, "Affective Reactivity to Daily Stressors and Long-Term Risk of Reporting a Chronic Physical Health Condition." *Annals of Behavioral Medicine* 45, no. 1 (February 2013): 110-20, https://doi.org/10.1007/s12160-012-9423-0; and Daniel K. Mroczek, Robert S. Stawski, Nicholas A. Turiano, Wai Chan, David M. Almeida, Shevaun D. Neupert, and Avron Spiro III, "Emotional Reactivity and Mortality: Longitudinal Findings from the VA Normative Aging Study," *Journals of Gerontology: Series B* 70, no. 3 (May 2015): 398-406. https://doi.org/10.1093/geronb/gbt107.

2. K. Aschbacher, E. Epel, O. M. Wolkowitz, A. A. Prather, E. Puterman, and F. S. Dhabhar, "Maintenance of a Positive Outlook during Acute Stress Protects against Pro-inflammatory Reactivity and Future Depressive Symptoms," *Brain, Behavior, and Immunity* 26, no. 2 (February 2012): 346-52, https://doi.org/10.1016/j.bbi.2011.10.010.

3. Judith T. Moskowitz, Elizabeth L. Addington, and Elaine O. Cheung, "Positive Psychology and Health: Well-Being Interventions in the Context of Illness," *General Hospital Psychiatry* 61 (November-December 2019): 136-38, https://doi.org/10.1016j.genhosppsych.2019.11.001.

4. Eric L. Garland, Barbara Fredrickson, Ann M. Kring, David P. Johnson, Piper S. Meyer, and David L. Penn, "Upward Spirals of Positive Emotions Counter Downward Spirals of Negativity: Insights from

the Broaden-and-Build Theory and Affective Neuroscience on the Treatment of Emotion Dysfunctions and Deficits in Psychopathology," *Clinical Psychology Review* 30, no 7 (November 2010): 849-64. https://doi.org/10.1016/j.cpr.2010.03.002.

5. Judith T. Moskowitz, Elaine O. Cheung, Karin E. Snowberg, Alice Verstaen, Jennifer Merrilees, John M. Salsman, and Glenna A. Dowling, "Randomized Controlled Trial of a Facilitated Online Positive Emotion Regulation Intervention for Dementia Caregivers," *Health Psychology* 38, no. 5 (May 2019): 391-402, https://doi.org/10.1037/hea0000680.

6. Barbara Fredrickson, "The Broaden-and-Build Theory of Positive Emotions," *Philosophical Transactions of the Royal Society B* 359, no.1449 (September29, 2004): 1367-78, https://doi.org/10.1098/rstb.2004.1512.

7. Dusti R. Jones and Jennifer E. Graham-Engeland, "Positive Affect and Peripheral Inflammatory Markers among Adults: A Narrative Review," *Psychoneuroendocrinology* 123 (January 2021): 104892, https://doi.org/10.1016/j.psyneuen.2020.104892.

8. Sheldon Cohen, William J. Doyle, Ronald B. Turner, Cuneyt M. Alper, and David P. Skoner, "Emotional Style and Susceptibility to the Common Cold," *Psychosomatic Medicine* 65, no. 4 (July-August 2003): 652-57, https://doi.org/10.1097/01.psy.0000077508.57784.da.

9. Yujing Zhang and Buxin Han, "Positive Affect and Mortality Risk in Older Adults: A Meta-analysis," *Psychology Journal* 5, no. 2 (June 2016): 125-38, https://doi.org/10.1002/pchj.129.

10. Anthony D. Ong, Lizbeth Benson, Alex J. Zautra, and Nilam Ram,

"Emodiversity and Biomarkers of Inflammation," *Emotion* 18, no. 1 (February 2018): 3-14, https://doi.org/10.1037/emo0000343; and E. J. Urban-Wojcik, J. A. Mumford, D. M. Almeida, M. E. Lachman, C. D. Ryff, R. J. Davidson, and S. M. Schaefer, "Emodiversity, Health, and Well-Being in the Midlife in the United States (MIDUS) Daily Diary Study," *Emotion* (April 9, 2020): https://doi.org/10.1037/emo0000753.

11. Robert H. Lustig, *The Hacking of the American Mind: The Science Behind the Corporate Takeover of Our Bodies and Brains* (New York: Avery, 2017).

12. June Gruber, Aleksandr Kogan, Jordi Quoidbach, and Iris B. Mauss, "Happiness Is Best Kept Stable: Positive Emotion Variability Is Associated with Poorer Psychological Health," *Emotion* 13, no. 1 (February 2013): 1-6, https://doi.org/10.1037/a0030262.

13. Peter Koval, Barbara Ogrinz, Peter Kuppens, Omer Van den Bergh, Francis Tuerlinckx, and Stefan Sütterlin, "Affective Instability in Daily Life Is Predicted by Resting Heart Rate Variability," *PLoS One* 8, no. 11 (November 29, 2013): e81536, https://doi.org/10.1371/journal.pone.0081536.

14. Anthony D. Ong and Andrew Steptoe, "Association of Positive Affect Instability with All-Cause Mortality in Older Adults in England," *JAMA Network Open* 3, no. 7 (July 1, 2020): e207725, https://doi.org/10.1001/jamanetwork open.2020.7725.

15. Lustig, *The Hacking of the American Mind*.

16. Kennon M. Sheldon and Sonja Lyubomirsky, "Revisiting the Sustainable Happiness Model and Pie Chart: Can Happiness Be Successfully Pursued?," *Journal of Positive Psychology* 16, no. 2 (2021): 145-54,

https://doi.org/10.1080/17439760.2019.1689421.

17. S. Katherine Nelson, Kristin Layous, Steven W. Cole, and Sonja Lyubomirsky, "Do unto Others or Treat Yourself? The Effects of Prosocial and Self-Focused Behavior on Psychological Flourishing," *Emotion* 16, no. 6 (September 2016): 850-61, https://doi.org/10.1037/emo0000178.

18. S. Katherine Nelson-Coffey, Megan M. Fritz, Sonja Lyubomirsky, and Steve W. Cole, "Kindness in the Blood: A Randomized Controlled Trial of the Gene Regulatory Impact of Prosocial Behavior," *Psychoneuroendocrinology* 81 (July 2017): 8-13, https://doi.org/10.1016/j.psyneuen.2017.03.025.

19. Kuan-Hua Chen, Casey L. Brown, Jenna L. Wells, Emily S. Rothwell, Marcela C. Otero, Robert W. Levenson, and Barbara L Fredrickson, "Physiological Linkage during Shared Positive and Shared Negative Emotion," *Journal of Personality and Social Psychology* 121, no. 5 (November 2021): 10.1037/pspi0000337, https://doi.org/10.1037/pspi0000337; Jenna Wells, Claudia Haase, Emily Rothwell, Kendyl Naugle, Marcela Otero MC, Casey Brown, Jocelyn Lai et al., "Positivity Resonance in Long-Term Married Couples: Multi-modal Characteristics and Consequences for Health and Longevity," *Journal of Personality and Social Psychology* (January 31, 2022), http://doi.org/10.1037/pspi0000385.

20. Jaime Vila,"Social Support and Longevity: Meta-Analysis-Based Evidence and Psychobiological Mechanisms," *Frontiers in Psychology* 12 (September 13, 2021), https://doi.org/10.3389/fpsyg.2021.717164; and Ted Robles, Richard Slatcher, Joseph Trombello, and Mehgan

McGinn, "Marital Quality and Health: A Meta-analytic Review," *Psychological Bulletin* 140, no 1 (January 2014):140-87.https://10.1037/a0031859.

21. Nicholas A. Coles, Jeff T. Larsen, and Heather C. Lench, "A Meta-analysis of the Facial Feedback Literature: Effects of Facial Feedback on Emotional Experience Are Small and Variable," *Psychological Bulletin* 145, no. 6 (June 2019): 610-55, https://doi.org/10.1037/bul0000194; Nicholas A.Coles, David Scott March, Fernando Marmolejo-Ramos, Jeff T. Larsen, Nwadiogo C. Chisom Arinze, Izuchukwu L.G. Ndukaihe, Megan L. Willis et al.,"A Multi-lab Test of the Facial Feedback Hypothesis by the Many Smiles Collaboration," *PsyArXiv Preprints* (February 4, 2019): 1-54, https://doi.org/10.31234/osf.iocvpuw.

22. Pennie Eddy, Eleanor H. Wertheim, Matthew W. Hale, and Bradley J. Wright, "A Systematic Review and Meta-analysis of the Effort-Reward Imbalance Model of Workplace Stress and Hypothalamic-Pituitary-Adrenal Axis Measures of Stress," *Psychosomatic Medicine* 80, no. 1 January 2018):103-13, https://doi.org/10.1097/PSY.0000000000000505.

23. Martin Picard, Aric A. Prather, Eli Puterman, Kirstin Aschbacher, Yan Burelle, and Elissa S. Epel, "A Mitochondrial Health Index Sensitive to Mood and Caregiving Stress," *Biological Psychiatry* 84, no. 1 (July 1, 2018): 9-17, https://doi.org/10.1016/j.biopsych.2018.01.012.

24. Christina Armenta, Megan Fritz, Lisa Walsh, and Sonja Lyubomirsky, "Satisfied Yet Striving: Gratitude Fosters Life Satisfaction and Improvement Motivation in Youth," *Emotion* (September 10, 2020): https://doi.org /10.1037/emo0000896.

结语：更新你的减压处方

1. Daniel J. Siegel, IntraConnected: *MWe (Me + We) as the Integration of Self, Identity, and Belonging (IPNB)* (New York: W. W. Norton & Company, 2022).
2. Pádraig Ó Tuama, *Daily Prayer with the Corrymeela Community* (Norwich, UK: Canterbury Press, 2017).
3. Karen O'Brien, *You Matter More Than You Think: Quantum Social Change for a Thriving World* (Oslo, Norway: cChange Press, 2021).